山と氷河の図譜

―五百澤智也山岳図集―

五百澤 智也

Iozawa Tomoya

ナカニシヤ出版

はじめに

高山には独特の雰囲気がある。
深く澄んだ蒼空、冷涼で爽快な風。
伏してなびく植物群落の斜面。その緑なす柔らかな曲面の上に鋭くとがった岩峰がそそり立つ。
この美しくさわやかな眺めと背にふりそそぐ太陽光のあたたかさが、私たちに至福のときを感じさせ、天上にいる高揚感を与える。
こうした高山景観のすばらしさをつくったのは、遠い過去から現在そして未来へと継続して働いている、氷雪をともなう寒冷な気候環境である。
この固体水圏の世界をしらべ、勉強しようと志して五十余年。空中写真で雪を調べたり、地形を調べる仕事ですこしは世の役にも立った。国土地理院を三十七歳で退職後、自活のために考え出した、空撮ステレオ写真から作った山や氷河の細密記録図や現地調査時の水彩スケッチなどをまとめ、さらに日本の氷河地形分布図、七〇万分一日本地貌図を加えたのが、この図集である。

もくじ

はじめに　三

I　ヒマラヤの山と氷河　九

0　エヴェレスト周辺鳥瞰図　九
(1)展望図・鳥瞰図　一〇
1　ヒマラヤ全山鳥瞰図　一〇～一三
2　西ヒマラヤ鳥瞰図　一四～一五
3　ヒマラヤ全山投影図　一四～一五
4　ネパール・ヒマラヤ全山展望図　一六～一七
5　ヒマラヤ　自然と暮らしの断面図：クーンブ地方　一六
6　ヒマラヤ　自然と暮らしの断面図：カリガンダキ地方　一七
7　西蔵鳥瞰図　一八～一九
8　納木那尼峰南面山岳図　(付)北面のスケッチ　一八～一九
9　アンナプルナ・ダウラギリ鳥瞰図　二〇～二一
10　ヒマラヤ山脈全体の地形と河系　二〇～二一
〈ヒマラヤトレッキング　水彩スケッチ集〉　二二
11　ンゴジュンバ氷河末端　二二
12　クンビーラ山東面　二二
13　エヴェレストヴューホテル　二三
14　ヘリコプターランディング　二三
15　ビブレのカルカ　二四
16　ターメ・オグの村　二四
(2)ヒマラヤ山岳図　二五
17　カンチェンジュンガ南面とヤルン氷河　二五
18　カンチェンジュンガ北面　二五
19　カンチェンジュンガヒマール　二六～二七
20　カンチェンジュンガヒマールの西側　二六～二七
21　サガルマータ南西壁　二八
22　ジュガールヒマール　二九
23　ジュガールヒマールとランタンヒマール平面図　二九
24　シシャパンマとランタンヒマール　三〇～三一
25　ランタンリルンとシャルバチュム　三二～三三

26 ランタンリルン南面 三四~三五
27 ガネッシュヒマール東面 三六~三七
28 ガネッシュヒマール南面 三八~三九
29 マナスル山群南西面 四〇~四一
30 アンナプルナII峰東面 四〇~四一
31 ラムジュンシュピッツェと周辺の氷蝕地形 四二
32 ヒマルチュリ西面とＰ29 四二~四三
33 マチャプチャレとアンナプルナII峰 四四
34 アンナプルナI峰南壁 四五
35 サイパル 四四~四五
36 ダウラギリ主峰とニルギリ 四六~四七
37 グルジャヒマールからチューレンヒマール 四八~四九
38 プタヒウンチュリ 五〇~五一
39 チャンラヒマール 五二~五三
40 ヒウンチュリパータン（西壁を南から見る） 五二~五三
41 カンジロバヒマール 五四~五五
42 ナムナニ（グルラ・マンダータ） 五四~五五
43 普兰から見たアピ・ナンパ山群 五四~五五
44 Ｋ２北面 五六
(3) ヒマラヤの地図 五七
45 冈仁波斉峰（カイラス山）案内図 五七
46 ヒマルチュリ 五八~五九
47 カトゥマンドゥ市街図 六〇

II アルプスの山と氷河 六一

0 マッターホルン 六一
1 ベルニナ北東面 六二
2 ベルニナ北西面 六二
3 アレッチ氷河上流部 六三
4 ウンターアール氷河とグリムゼル湖 六三
5 トゥーン湖 六四
6 エッシネン湖 六四
7 モンテローザのドゥフォールシュピッツェ 六五
8 ツェルマット・シュタッフェルのマッターホルン 六五
9 ミアージュ氷河遠景 六六
10 ミアージュ氷河（D型氷河）近景 六六

Ⅲ　日本の山々

0　槍ヶ岳　六七

(1)北海道から九州まで　六八

1　利尻山　六八〜六九
2　大雪山　六九
3　天狗山からのニペソツ山　七〇〜七一
4　ニペソツからウペペサンケ山　七一
5　積丹神威岬　七二
6　駒ヶ岳　七二
7　お岩木山　七三
8　八甲田睡蓮沼　七四〜七五
9　十和田湖　七六
10　仙人池と八ツ峰・チンネ　七七
11　横尾岩小屋からの南岳　七七
12　涸沢池ノ平から北穂　七七
13　横尾本谷からの屏風岩　七八
14　残雪の南岳カール　七八
15　伯耆大山(西の桝水原から)　七九
16　丸亀城本丸からの讃岐富士　七九
17　松山・牛淵からの石鎚山　八〇
18　阿蘇火口　八〇
19　高千穂河原　八一
20　桜島　八一
21　池田湖(開聞岳山頂から)　八二

(2)ふるさと山形の自然　八三

02　月山と葉山　八三
22　鳥海山北面　八四
23　龍馬山　八四
24　祝瓶山　八四
25　朝日連峰　八五
26　飯豊連峰　八五
27　月山姥ヶ岳から大井沢を望む　八五
28　宝珠山立石寺　八六〜八七
29　柴田の羽山と蔵王山　八八
30　刈田岳東南面パラダイスの冬　八八
31　蔵王のお釜　八八
32　曇る鶴間ヶ池　八九
33　馬の背曙光　八九
34　北北東から眺めた蔵王・吾妻鳥瞰図　九〇〜九一
35　飯豊山の氷河地形分布図　九一
36　面発生乾雪表層雪崩　九二
37　面発生乾雪全層雪崩　九二

(3)日本の高山地形山岳図　九三

03　槍・穂高鳥瞰図　九三
38　富士山鳥瞰図　九四
39　剱岳池の谷　九五
40　剱・立山東面鳥瞰図　九六〜九七

41 剱岳北東面 九八
42 黒部五郎岳 九九
43 槍・穂高連峰 一〇〇～一〇一
44 笠ヶ岳～槍ヶ岳 一〇二～一〇三
45 梓川渓谷鳥瞰図 一〇四～一〇五
46 穂高岳・涸沢と岳沢 一〇六
47 前穂高岳東面鳥瞰図 一〇六

Ⅳ 日高山脈・日本アルプスの氷河地形分布図 一〇七

0 日本の氷河地形判読基準カード 一〇七
1 日高山脈南部の氷河地形 一〇八
2 日高山脈北部の氷河地形 一〇九
3 北アルプス北部の氷河地形 一一〇～一一一
4 北アルプス南部の氷河地形 一一二
5 南アルプス北部の氷河地形 一一三
6 中央アルプス・南アルプス南部の氷河地形 一一四

Ⅴ 日本地貌図 一一五

0 日本地貌図・北海道試作図 一一五
1 北海道地方地貌図 一一六～一一七
2 (1)東北地方北部地貌図 一一八～一一九
(2)東北地方南部地貌図 一二〇～一二一
3 関東地方地貌図 一二二～一二三
4 (1)中部地方北部地貌図 一二四～一二五
(2)中部地方南部地貌図 一二六～一二七
5 (1)近畿地方北部地貌図 一二八～一二九
(2)近畿地方南部地貌図 一三〇～一三一
6 (1)中国地方地貌図 一三二～一三三
(2)四国地方地貌図 一三四～一三五
7 (1)九州地方北部地貌図 一三六～一三七
(2)九州地方南部地貌図 一三八～一三九

五百澤智也年譜——一四〇～一四一
あとがき——一四二

〈凡　例〉

(1)本書の地名表記について

本書における地名表記は、すべて、現地で現在使われているものを用いることを原則とした。

ただし、一度発表した図や絵については、国名、地名など変更があっても、初出の時の表示にしたがって、そのままとした。

日本における現地現用の地名は、国土地理院発行の地形図に表示されているものと考えてよい。それらは、現地調査時に地名の存在する当該市町村役場で、地名の存在とあてられる地域地点について「地名調書」を作ってもらい、それに記載されている地名だけが採用され表記されている。

公用文作成では、常用漢字、現代かなづかいが原則であるが、地名は文化的歴史的遺産であるから、むやみな変更は許されないはずである。出版社によっては、助字として利用されてきた「ケ、ノ、ツ」の漢字の助字を、かなと考えて、ひらがなの濁点つき表現で「槍ヶ岳」を「槍ガ岳」のように表現しているところがある。このため、表示が、現地案内板、地形図、パンフレット、新聞などで混乱が起こっていて、残念である。

外国の山名、地名でも、本書では中国、インド、ネパールなど現地での表示を原則として表示したが、中国の略字体で日本でわかりにくいものは、やや古い漢字表現でも良しとした。インド・ネパールでは、インド測量局の地図上の表記を中心に採用した。

カンチェンジュンガは、英国の「タイムズアトラス」では、Kangchenjungaとしているが、インド測量局の図では、Kanchenjungaとなっており、本書は後者を採用した。

日本式カタカナ表記の場合は、「V」については「ヴ」を用い、「エヴェレスト山」のように表記した。しかし、初出の時に編集方針で変更されているものもあって必ずしも統一されていない。ご容赦を願う。

(2)各作品にはキャプションと解説を施した。

キャプションは次の順によった。

作品番号(I～V章ごとに)

作品名(和文と欧文を併記)

原図寸法(ヨコ×タテcm)

発表・掲載した書名・雑誌名と発行所・刊行年

未発表の作品は制作年と描いた場所

キャプションの後に、制作時の動機と背景、描いた作品の周辺状況などを記した。

(3)山岳図には、必要に応じて原図に山名と標高を新たに加えて記した。

Ⅰ ヒマラヤの山と氷河

1970年、五百澤智也は、日本山岳会東海支部のマカルー登山隊に付属する地球科学学術隊に参加するため、1957年より勤務していた国土地理院を退職した。その後も、13回にわたりヒマラヤ中心の遠征やトレッキングに参加し、氷河や地形調査のためのフライトを実施、多数の空中写真のステレオグラムを得た。これを利用して、山岳図の作成や調査研究をおこない、成果を、山岳雑誌に連載したり、案内書を作ったりすることで生計を支えた。

ここに示すのは、その一部である。

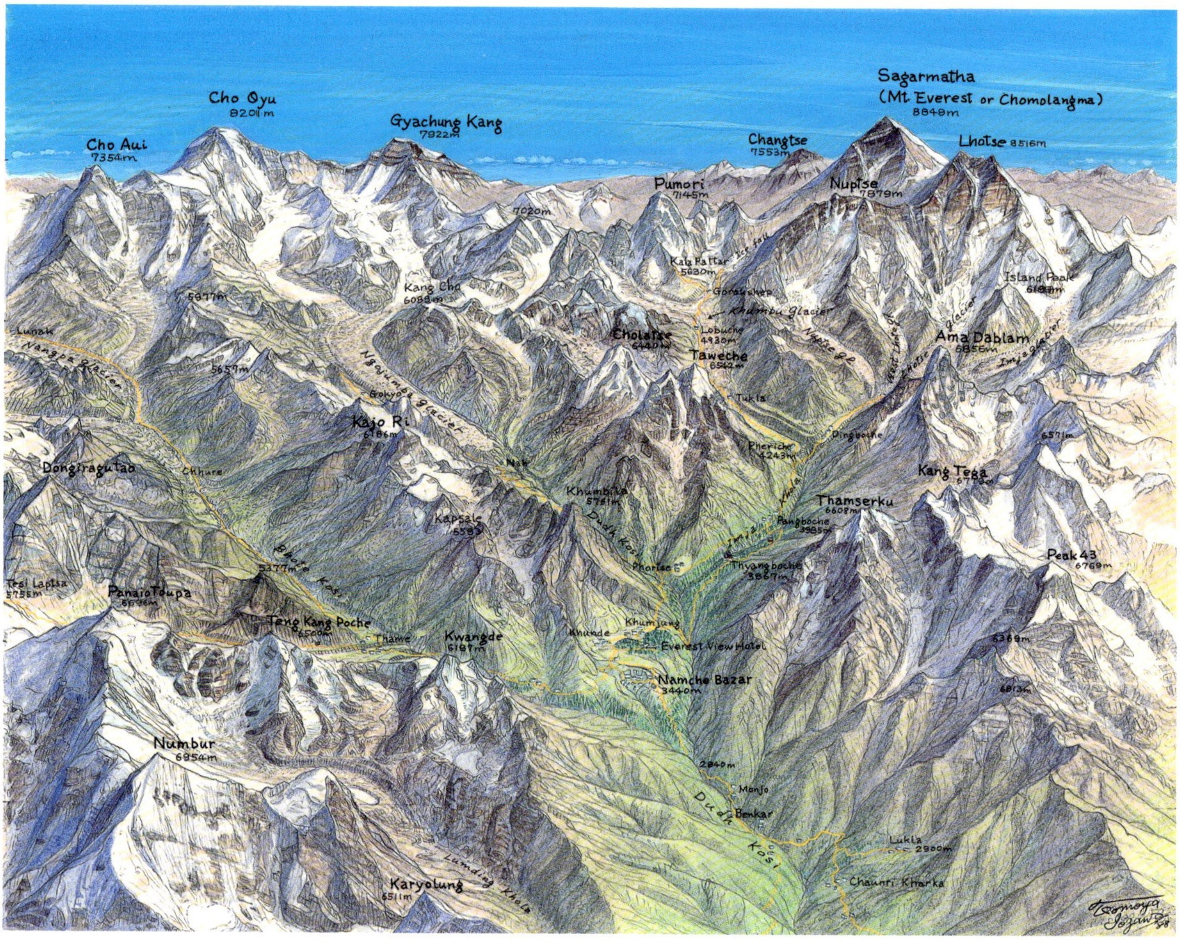

Ⅰ-0　エヴェレスト周辺鳥瞰図　Mt.Everest　38×29cm　（「地理」2005年7月号・古今書院）

⑴展望図・鳥瞰図

ヒマラヤ登山の記録や報告を、文章や数値で読み、地図や写真で眺めても、その一つの山の全体像はなかなか浮かんでこない。ましてヒマラヤ全体とその山のかかわりはどうかとなるともっと分からない。自分がヒマラヤの山々を紹介するのなら、まず、最初に展望図や鳥瞰図を使って、そのイメージを視覚的に提供しなくてはと思った。ヒマラヤへ出かける前に考えたそんな想いを具体化したものをいくつか並べてみる。

〔ヒマラヤ全山鳥瞰図（東部）

朝日新聞社1978年刊・巻末索引図〕

＊図中の数字①〜⑬⑧は『ヒマラヤの高峰』に載る写真番号

I-1　ヒマラヤ全山鳥瞰図(1)　Himalayas　96×39.5cm　(「深田久弥・山の文学全集」別巻『写真集・ヒマラヤの高峰』

〔ヒマラヤ全山鳥瞰図（西部）〕

朝日新聞社の『深田久弥・山の文学全集』の別巻として、『写真集・ヒマラヤの高峰』が、一九七八年(昭和五三)に刊行された。それらは、深田氏が紹介された一三八のヒマラヤやその近くの高峰について、日本の登山隊やアマチュアカメラマンが、カラー写真としてとらえた美しく情報の豊かな未発表の写真を一冊にまとめたものである。五百澤のこの図は、その写真集のため、写真番号を丸印の中に、山名や標高と共に注記して、中央アジアの広がりの中にヒマラヤ山脈のつながりや周辺の地形を一望のもとに眺められる鳥瞰図として作ったものであり、写真の索引図としても使える。

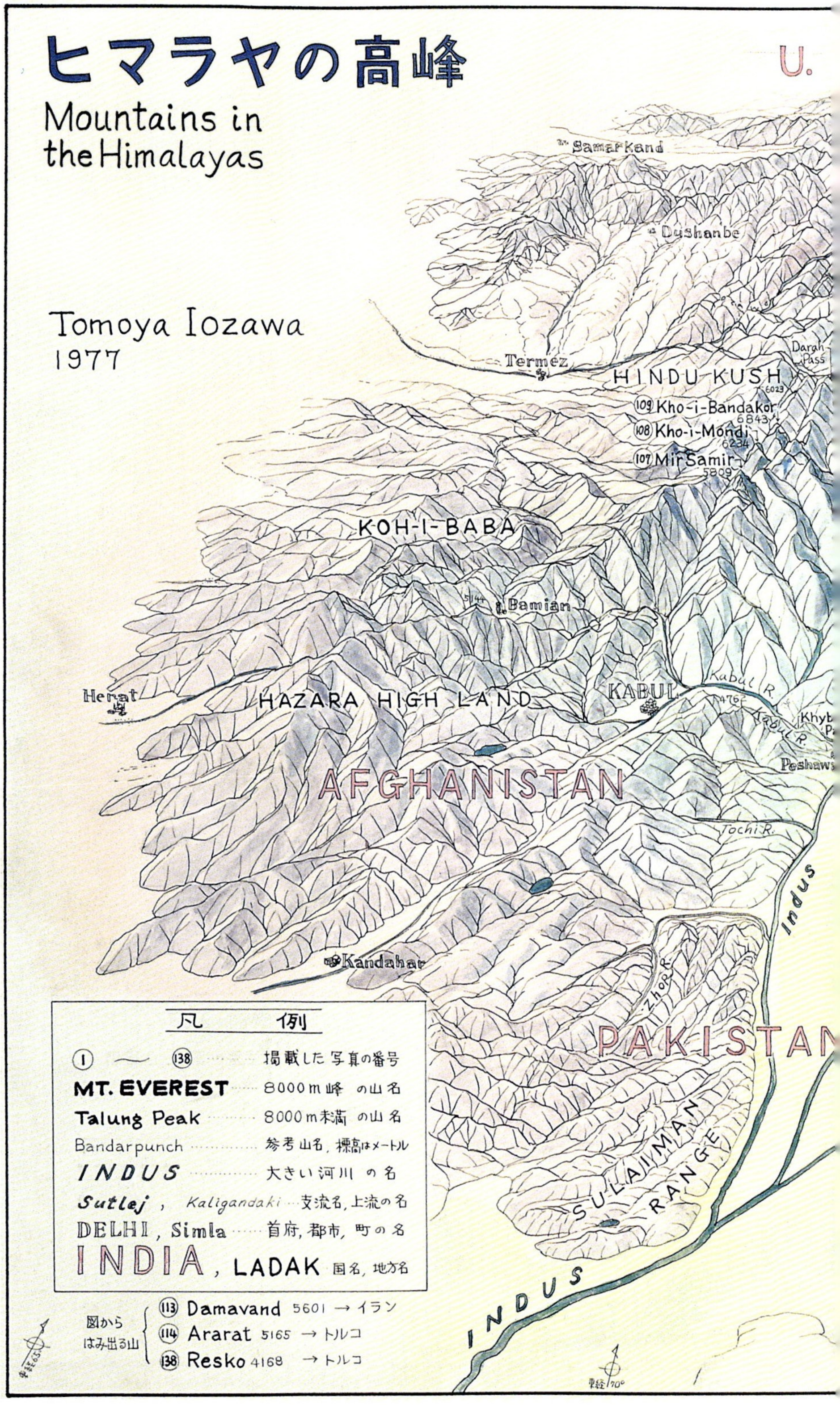

I-1　ヒマラヤ全山鳥瞰図(2)

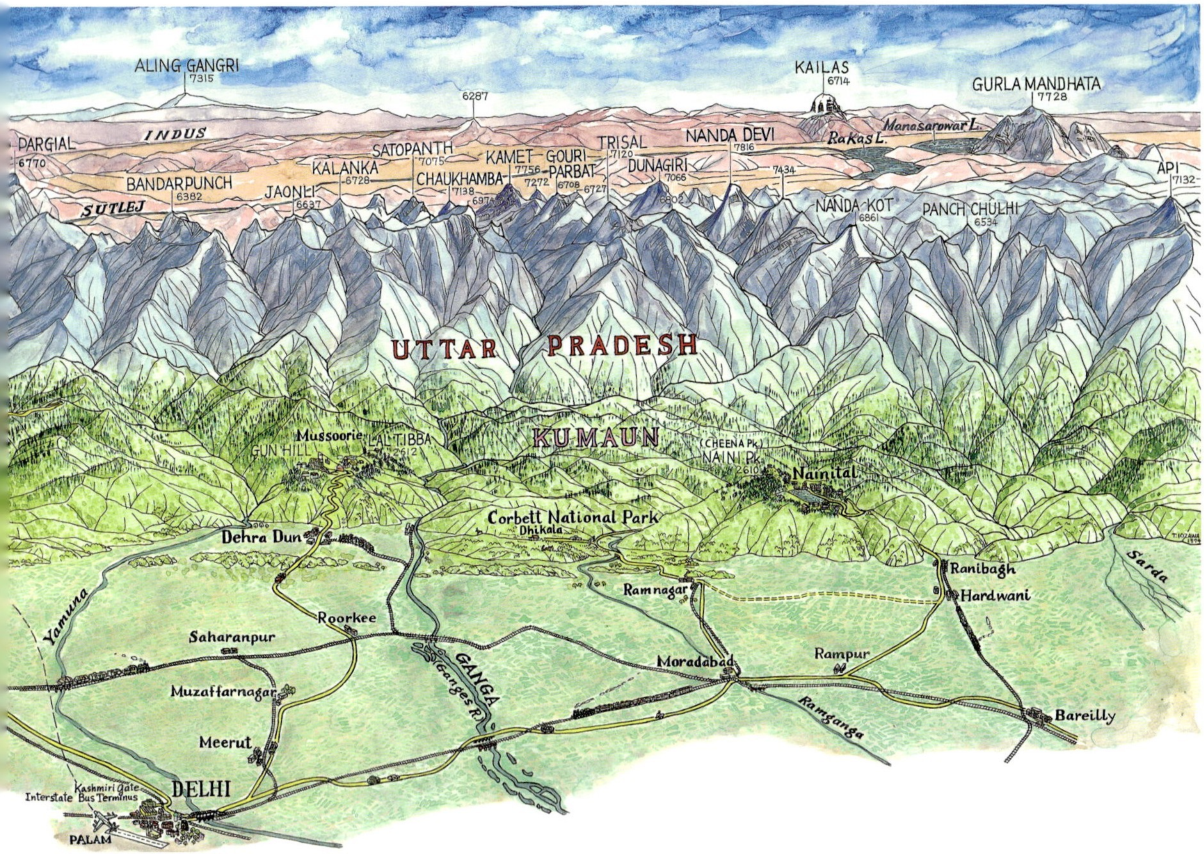

デシュのラムナガールからナイニタール、ムスーリー、コーベット国立公園などを調査した。飛行機、列車、長距離バスの利用で、その間をつなぎ、フィールド・ノートに記録した。それらの調査結果を鳥瞰図風の絵地図にまとめたのが、この「西ヒマラヤ鳥瞰図」であり、『ヒマラヤトレッキング』のフランス語版ではカバーに使われている。

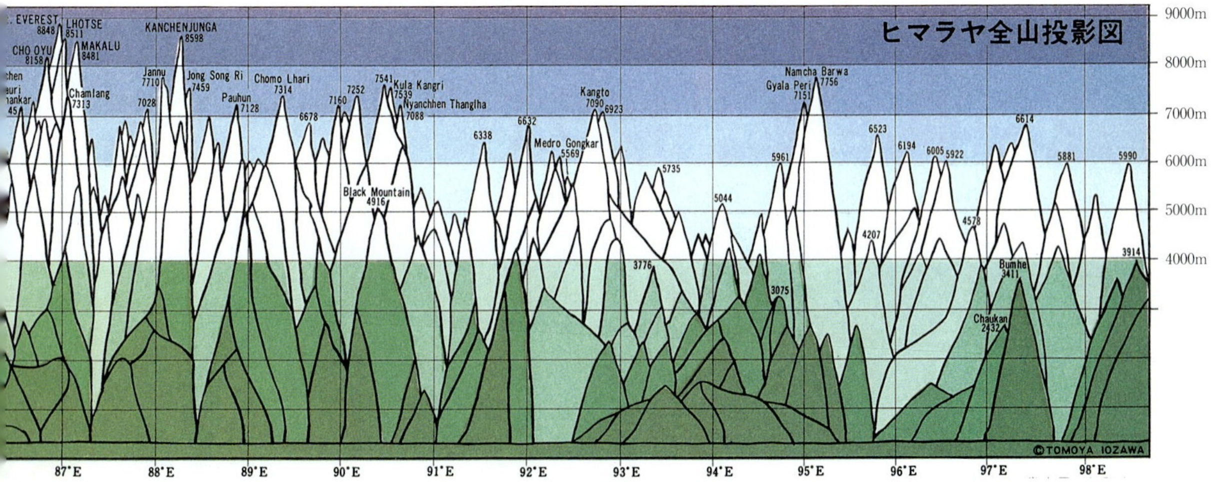

(『世界地図帳』国際地学協会1980年刊)

ヒマラヤ地方の自然と暮らしの現状を、自分の調査観察からまとめて表現した(16〜17ページ参照)。「全山投影図」は、東経73度から99度までのヒマラヤ山系地区の高山を南から見て重ねた立面図として表現したもので、山名を示した山が55山、標高だけの山が44山ある。

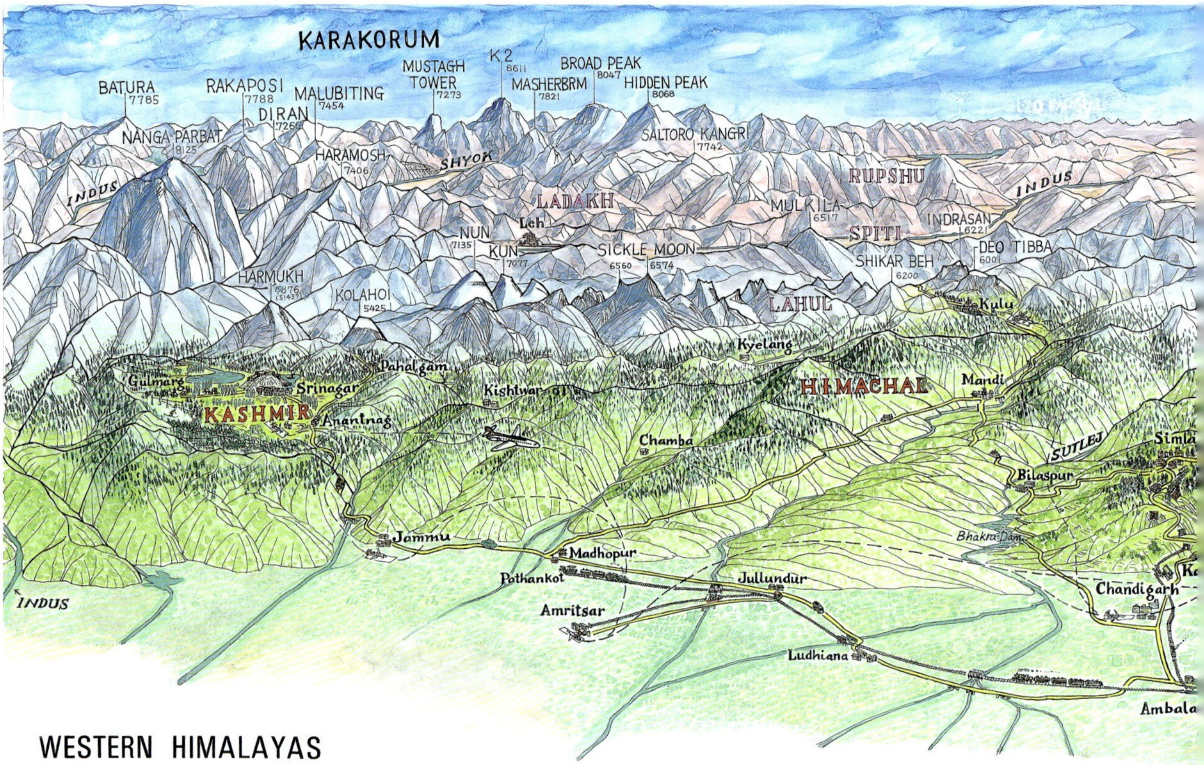

I-2　西ヒマラヤ鳥瞰図　Western Himalayas　(2枚) 各41.5×26cm（『ヒマラヤトレッキング』山と溪谷社1976年刊）

1973年２月、インド国内のヒマラヤ・トレッキングの取材のため、ニュー・デリーを基点に、16日から23日の間をカシミール州のスリナガール付近の調査、３月６日から22日の間をヒマチャルプラデシュのマナリ、ジャリ付近・シムラ付近の調査とウッタルプラ↗

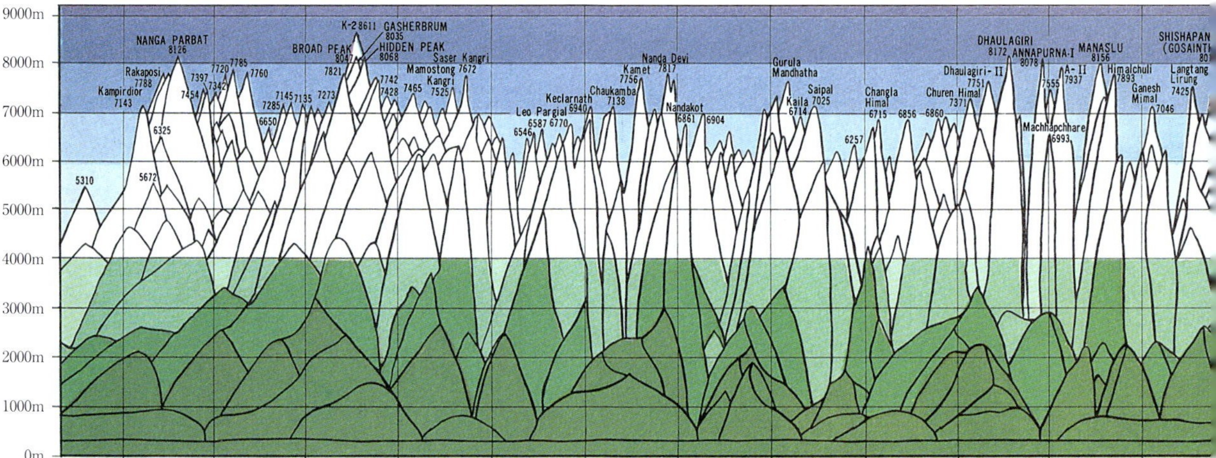

I-3　ヒマラヤ全山投影図　Projected Profiles of the Himalayas　(2枚) 各18×7cm

1980年、中野尊正氏編の『世界地図帳』(国際地学協会) に見開き2ページのヒマラヤ紹介を頼まれて作った図の一部である。そのページには、クーンブ地区の鳥瞰図、この全山投影図、クーンブとカリガンダキの２地区での地質、植生、種族の暮らしの総合断面図を示し、↗

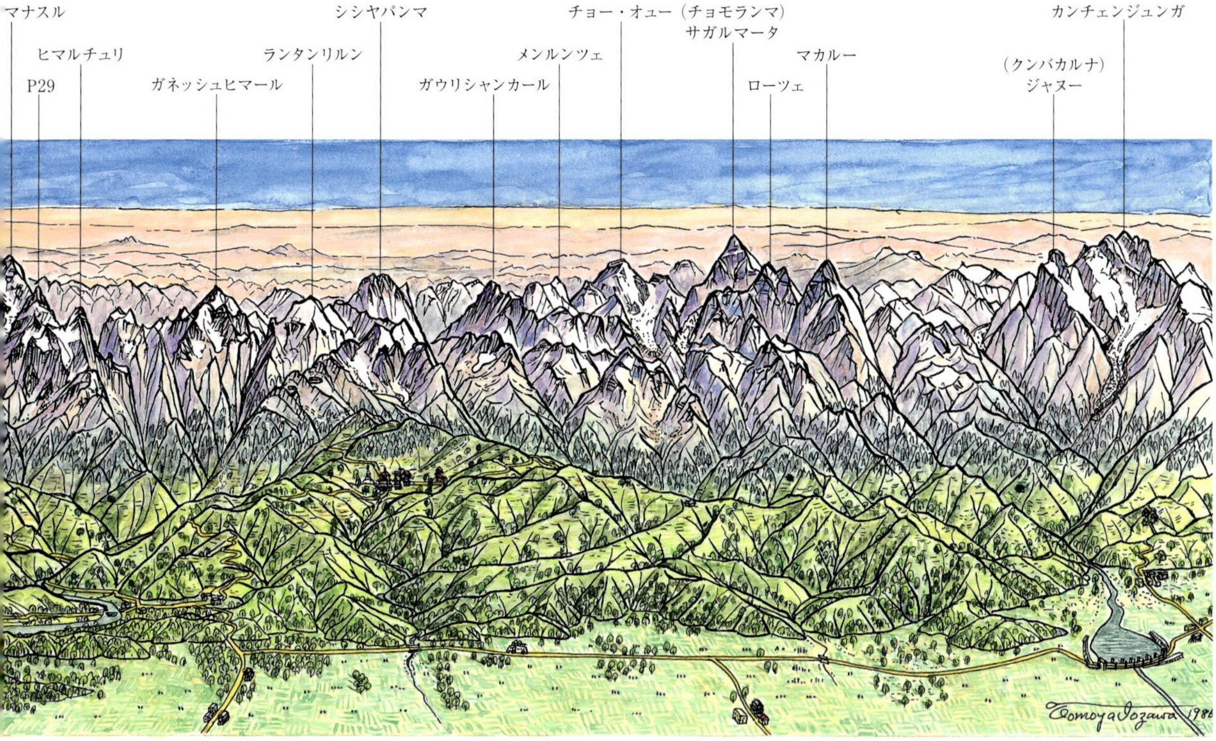

ネパール、ブータン、インド、中国の国内航空や国際航空の定期便によるフライトでも、撮影やスケッチを実施した。こうしたものから、機窓から眺めて山の名前がわかるような似顔絵式パノラマ図を作成したのが、この図である。

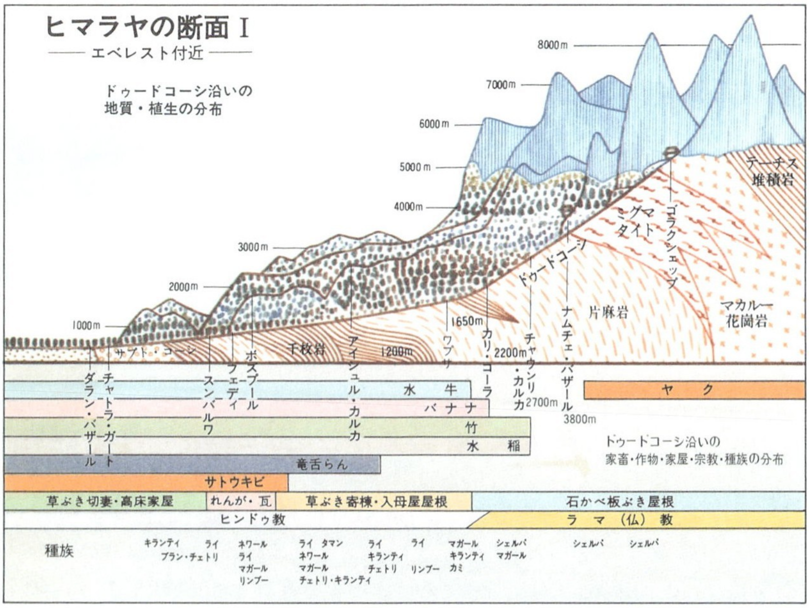

1972年11月27日から1973年1月4日まで、五百澤はクーンブ地方を、ターメ、ンゴジュンバ氷河、エベレストB.C.、イムジヤ・コーラと調査し、中心的交易と観光の集落ナムチェバザールからコシ郡の中心都市ボジプールを経由してコシ川渓口都市のダランバザールまでの観察と記録の旅を実施した。それを断面図としてまとめたものである。

I-5　ヒマラヤ 自然と暮らしの断面図：クーンブ地方

Nature and Life in the Khumbu area　14×9cm　（『世界地図帳』国際地学協会1980年刊）

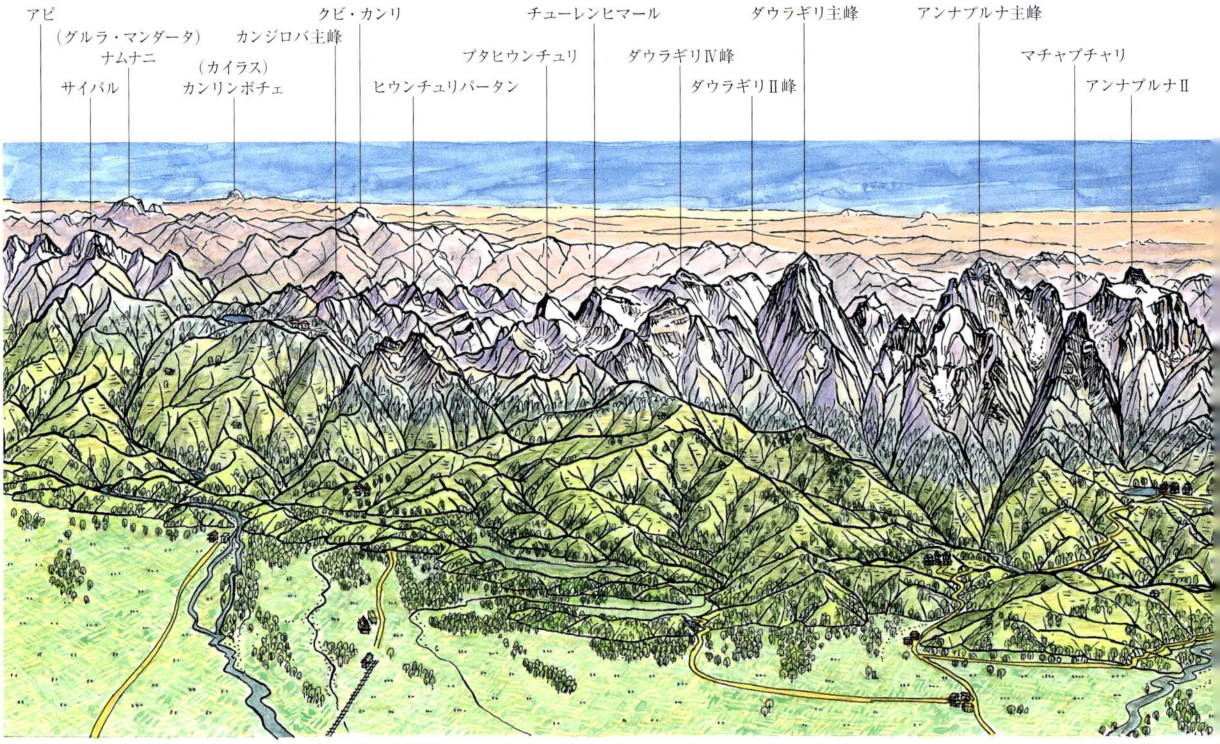

I－4　**ネパール・ヒマラヤ全山展望図**　Nepal Himalaya　52×13cm

(『ヒマラヤトレッキング』山と渓谷社1976年刊・1982年再作図)

五百澤は、1970年、1972年、1973年、1974年、1978年、1981年、1983年と7回のヒマラヤ上空の飛行で、ステレオ観察用の連続空中斜め写真を多数撮影した。そのほか、↗

1973年1月18日から2月9日まで、ポカラを出発して、アンナプルナ内院へのコースをガンドルンまで行き、峠越えでカリガンダキ本流に下り、上流のジョムソンまで、強風乾燥帯を歩き、川沿いに下って、タトパニからベニ、バグルン、クスマと下り、さらにポカラから南のマハバラート山地の山上都市タンセンから亜熱帯山麓のブトワル、平野部のバイラワまでとバスを利用して調査し、記録した断面図である。

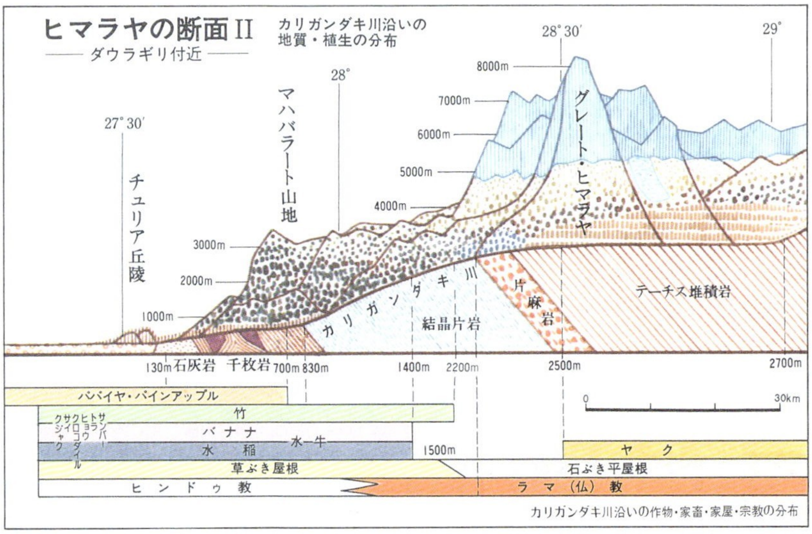

I－6　**ヒマラヤ 自然と暮らしの断面図：カリガンダキ地方**

Nature and Life in the Kali Gandaki Valley　14×10cm

(『世界地図帳』国際地学協会1980年刊)

ラサからカイラス、ナムナニ峰まで、1984年日本ヒマラヤ協会隊の踏査コース。

I-8　纳木那尼峰《ナムナニフェン》南面山岳図(グルラ・マンダータ Gurla Mandhata 7765m)

54×20cm　(原図は元極地研究所所長・渡辺興亜氏所蔵)

現在、中国ではナムナニと呼ぶが、古くはインド側からのグルラ・マンダータ(天幕形の山の王)の名で知られ、長谷川伝次郎氏の『ヒマラヤの旅』(1932)にも写真がのっている。

北面のスケッチ

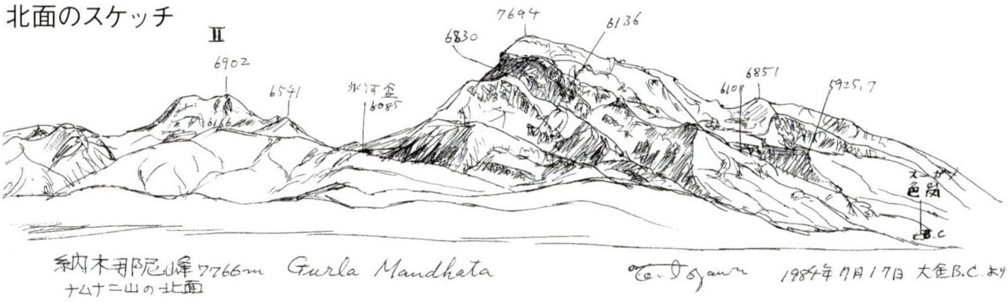

I-7　西蔵《チベット》鳥瞰図　Tibet　(2枚)各19×15cm　(『山渓グラフィックス』山と渓谷社1984年刊)

ポカラは、ネパール中央部、マルシャンディとカリガンダキの二つの大河水系にはさまれたおだやかで美しい山間盆地。里から雪の輝く高峰を仰ぐのに良い所で美しい湖もある。

I-9　アンナプルナ・ダウラギリ鳥瞰図　Annapurna and Dhaulagiri　47.3×16.3cm

（『ヒマラヤトレッキング』山と溪谷社1976年刊の図を、1982年に描き改めたもの）

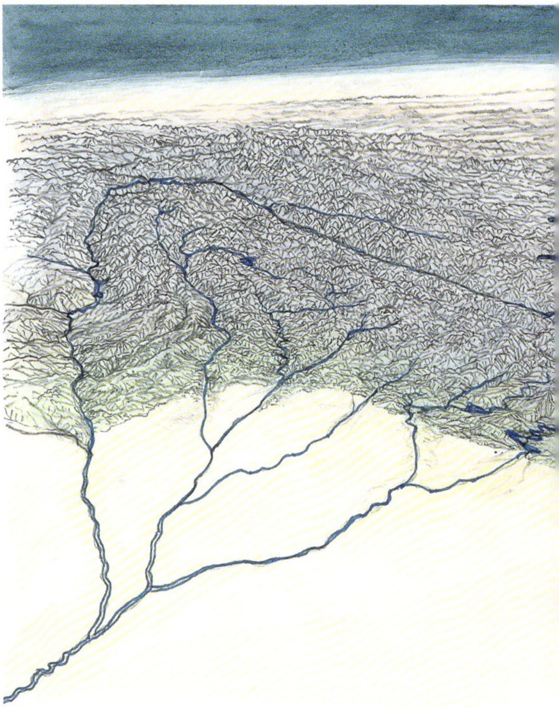

I-10　ヒマラヤ山脈全体の地形と河系

Tibet and the Himalayas, Topography and River System

35×14cm　（『もっと知りたいネパール』弘文堂1986年刊をもとにモノクロ原図をベースにして、2006年カラー図を作成）

5000mの広大なチベット台地から海抜300m以下のヒンドゥスタン平原へなだれ落ちるように傾く大斜面の上部に「ついたて」のようにそびえるヒマラヤ山脈がある。そのヒマラヤ山脈を割って南へ流下するたくさんの河谷があり、西はインダス河に、東はガンガ（ガンジス河）に集められる。そして、その両河の河系は、一番長いものをヒマラヤ山脈の北側にまで延ばしていて、山脈にもたらされる降水すべてを集めていることを読みとってもらいたい。

ヒマラヤトレッキング　水彩スケッチ集

トレッキングの食事は一日二回、朝はお茶だけで出発。しばらく歩いて、一〇時ごろから第一回目の食事となる。水汲み、薪集めから後片付けまでの二時間。サーブ(旦那)はゆっくり絵が描ける。

I-11　ンゴジュンバ氷河末端　Ngojumba Glacier　40.5×32cm

(未発表・1972年12月6日、ターミナルモレーンのNahのカルカから登る)

谷奥で雪煙が立つのは、チョー・オュー(8201m)。そのチョー・オューとギャチュンカンを谷頭に持ち南に流下する巨大な氷河ンゴジュンバも、多量の表面堆石で覆われている。

ナムチェ・バザール集落正面にそびえるクンビーラ山を東側に回りこんで、振り返って眺める。鋭い峰に囲まれた氷蝕の圏谷となだらかなモレーンの丘が対照的でおもしろい。

I-12　クンビーラ山東面　Khumbila　40.5×32cm

(未発表・1972年12月7日、Nahへ行く途中の昼食時)

I－13　**エヴェレストヴューホテル**　Everest view hotel　40.5×32cm

（『ヒマラヤトレッキング』山と溪谷社1976年刊・1972年12月３日描く）

ナムチェ・バザールから500mほど登った針葉樹の疎林の立つ草の台地の上に、日本人・宮原巍《たけし》氏の作ったホテルが建っている。北のローツェの岩壁の上には、エヴェレスト山の頭ものぞいている。

I－14　**ヘリコプターランディング**
Helicopter Landing on Shamboche　40.5×32cm
（未発表・1972年12月３日描く）

エヴェレストヴューホテルの200mほど下の草地にシャンボチェの滑走路があるのだが、お年寄りの客はそこからヘリコプターでホテル前の草地まで飛んで来る。しかし、ホテル玄関前の石段にへたりこんでいる姿をよく見かけた。高度による低酸素のためだ。

エヴェレスト登山コースをペリチェではずれて、東のイムジャ・コーラの流域に入ると、まず右手(南)に6246mの無名峰の北面にひろがるヒマラヤひだの美しいチュクン氷河が見え、行く手、東方の山なみの上に、高いマカルーの頭が見え出す。

あたりは北のローツェから流下した古い氷河期の氷蝕面のまるい斜面がひろがる。絵はその草斜面につくられた放牧小屋「Kharka」と氷蝕丘。上に見えるのは中央がヌプツェ7879m、右の雲の捲くのがローツェ8516m。

Ⅰ-15　**ビブレのカルカ**　Bibre Kharka　40.5×32cm

(『ヒマラヤトレッキング』山と渓谷社1976年刊・1972年12月17日描く)

Ⅰ-16　**ターメ・オグの村**　Thame Og　40.5×32cm

(『ヒマラヤトレッキング』山と渓谷社1976年刊・1972年12月1日描く)

ナムチェ・バザールから西に1日歩いたところのターメの村は、北のチベットへ向かう道と西のテシラプチャ峠からトランバウ氷河へ出て、下流のロルワリン地方へ向かう道の別れるところだ。西にすこし入ったところ、古い氷河のあとに出来た村がターメ・オグで、堤防のように見えるラテラルモレーンから湧き出る水が生活を支えている。

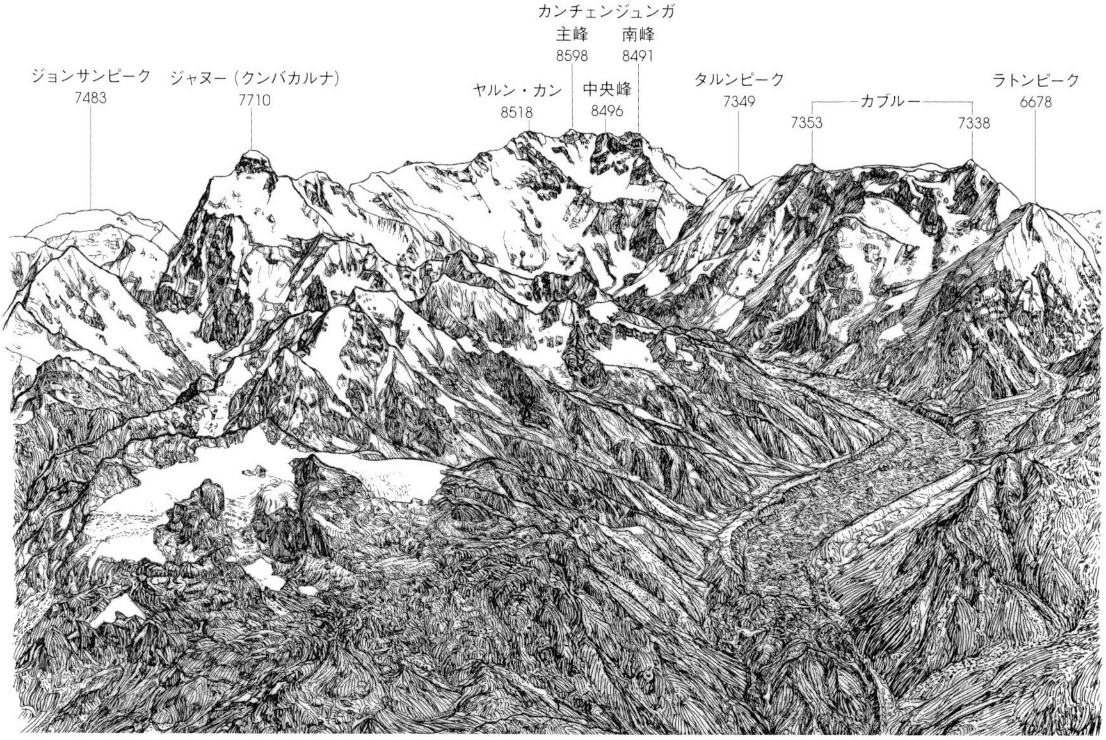

I-17　カンチェンジュンガ南面とヤルン氷河　Kanchenjunga from south and Yalung Glacier
22×18cm　（未発表・1981年11月19日撮影・2004年7月作図・鉛筆原図とペン原図）
カンチェンジュンガ南面はヤルン氷河の谷頭にある。

(2) ヒマラヤ山岳図

五百澤は十三回のヒマラヤ山行で七回のフライトを実施し、広大な未知山域を記録するため、ステレオ斜め空中写真を撮影した。

その写真を実体視判読することで、山や氷河の形態を詳細に記録した鳥瞰ペン画を描き、鉛筆シェーディングと合わせた二色刷で「岳人」誌上に連載した。本書では一色刷で紹介する。

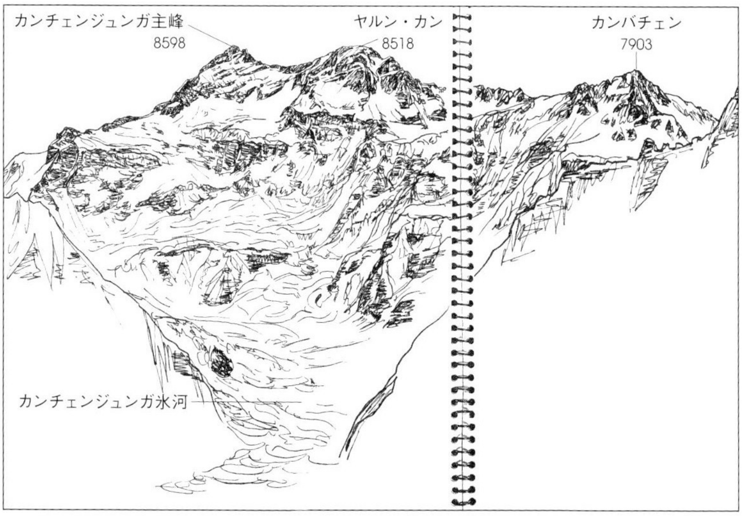

I-18　カンチェンジュンガ北面　Kanchenjunga from north
45×28.5cm　（フィールドノートより・1981年5月31日パンペマから描く）

〈ヒマラヤ山岳図の作成手順〉

①図紙の大きさにあわせて、ステレオ用写真を、左右同率で**引き伸ばし**た印画を作る。②重なり合う画像を**実体視**して山脈の前後関係、連続・不連続を見極めて、写真に描ける**色鉛筆で描示**する。③写真上の画線を図紙に**移写**。④写真を再び実体視して**画線を決定**、ペンで**インキング**する。⑤ペンはブラウゼペンを砥石やサンドペーパーで**研ぎ出し**、至繊線（極細線）から太線まで描きわける。

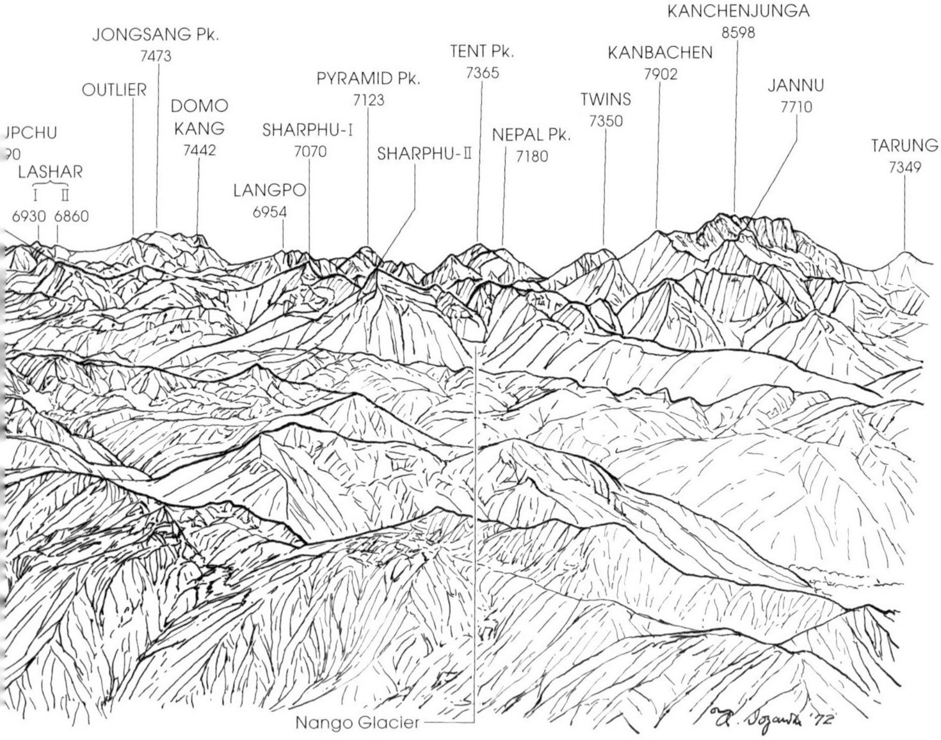
KANCHENJUNGA
8598
JONGSANG Pk.
7473
TENT Pk.
7365
KANBACHEN
7902
OUTLIER
PYRAMID Pk.
7123
DOMO
KANG
7442
TWINS
7350
JANNU
7710
SHARPHU-I
7070
NEPAL Pk.
7180
SHARPHU-II
TARUNG
7349
LASHAR
I II
6930 6860
LANGPO
6954
Nango Glacier
A. Sozawa '72

31×12cm (「岳人」1973年2月号・中日新聞東京本社)

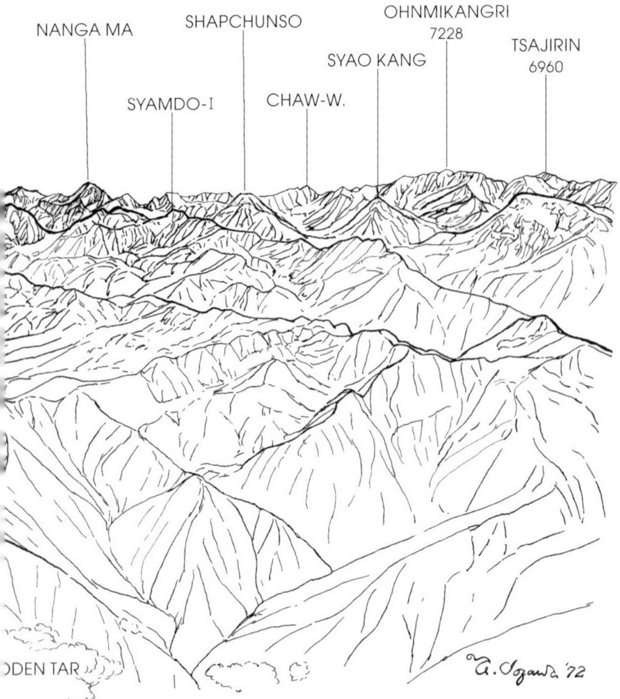
NANGA MA
SHAPCHUNSO
OHNMIKANGRI
7228
TSAJIRIN
6960
SYAO KANG
SYAMDO-I
CHAW-W.
A. Sozawa '72

30×12cm (「岳人」1973年2月号・中日新聞東京本社)

1972年1月1日、AMKASネパールのグループツアー、メンバー35名は、ロイヤルネパールのホーカーシドレー748双発ターボプロップ旅客機をチャーターして、カンチェンジュンガからサイパルまで、ネパールヒマラヤの全域を撮影した。AMKASは、宮本常一先生の日本観光文化研究所がすすめていた旅の文化活動の一環で、向後元彦氏や先生のご子息、千晴氏が中心になっていた。

その時撮影した写真から作った図が、お見せする25枚の山岳図だ。カンチェンジュンガ付近の山名は、この山域を何度も歩かれた、向後氏、東京都立大学隊に参加された千晴氏、大阪府立大学隊の辰巳勇三氏のご教示によった。

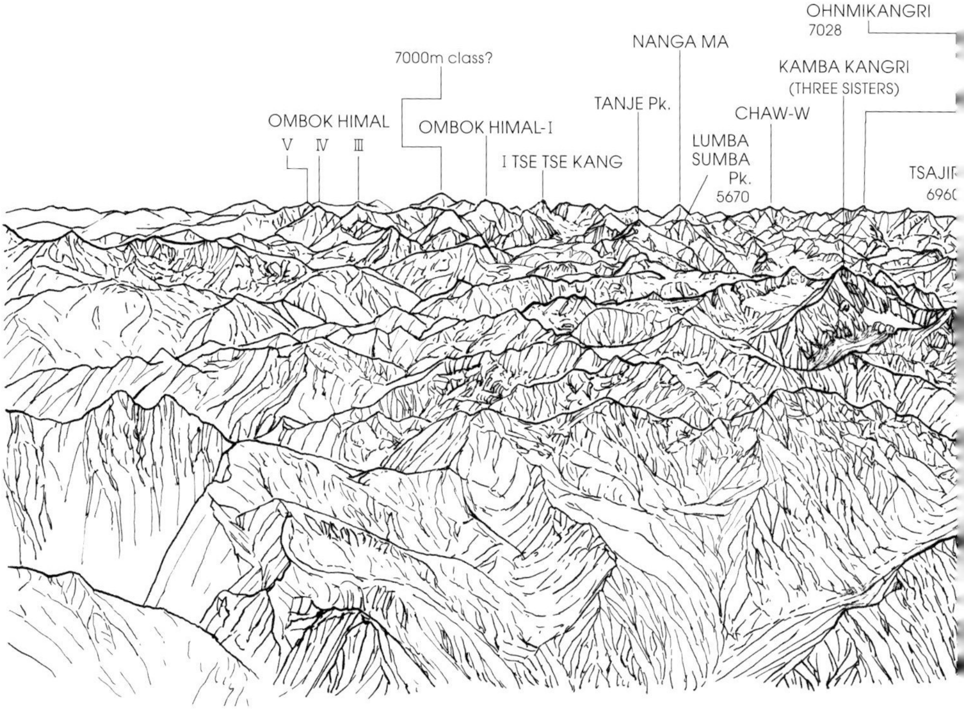
OHNMIKANGRI
7028
NANGA MA
7000m class?
KAMBA KANGRI
(THREE SISTERS)
TANJE Pk.
CHAW-W
OMBOK HIMAL
V
IV
III
OMBOK HIMAL-I
LUMBA
SUMBA
Pk.
5670
I TSE TSE KANG
TSAJI
696

I-19　カンチェンジュンガヒマール　Kanchenjunga Himal

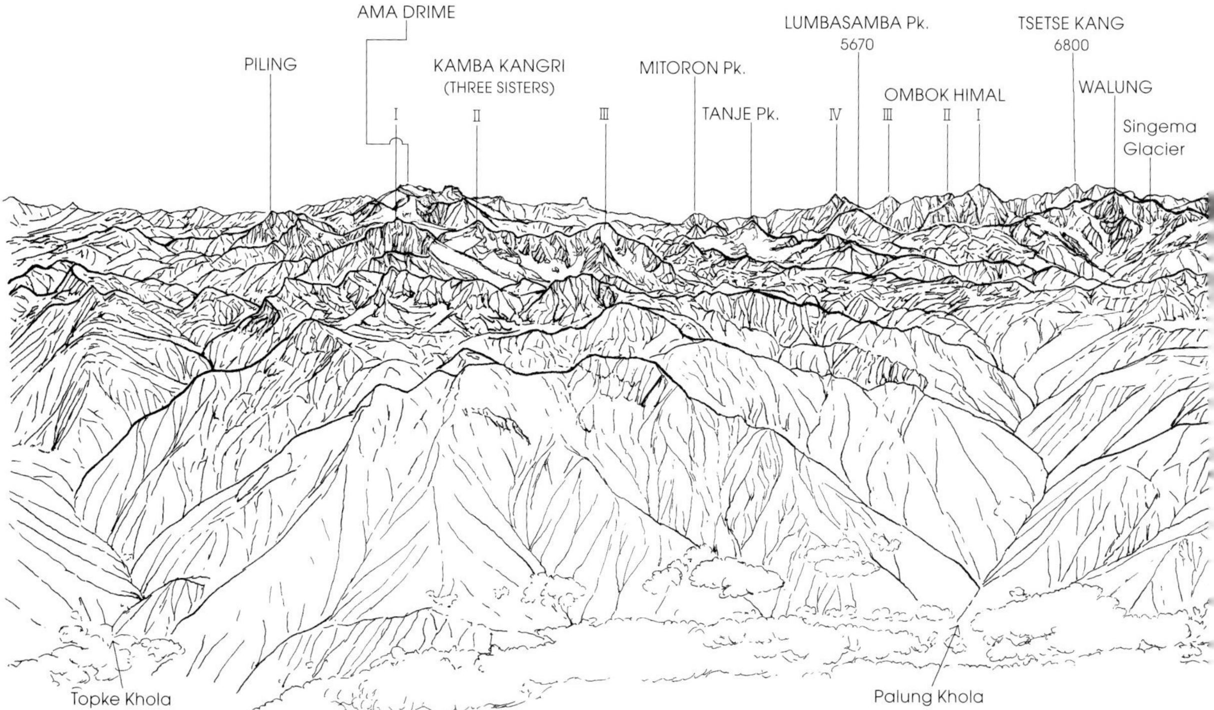
AMA DRIME
PILING
KAMBA KANGRI
(THREE SISTERS)
I
II
III
MITORON Pk.
TANJE Pk.
LUMBASAMBA Pk.
5670
OMBOK HIMAL
IV
III
II
I
TSETSE KANG
6800
WALUNG
Singema
Glacier
Topke Khola
Palung Khola

I-20　カンチェンジュンガヒマールの西側　West side of Kanchenjunga Himal

Sagarmatha 8848
（珠穆朗瑪峰《チョモランマフェン》
Mt. Everest《マウント エヴェレスト》）

I-21　**サガルマータ南西壁**　Sagarmatha southwest face　18×24cm
（『コンサイス外国山名辞典』三省堂1984年刊）

世界最高、8848mの標高を持つこの山は、絵の手前側であるネパールでは、公式名称がサガルマータ（世界の頂上、大空の頭）である。北面の中国ではチョモランマ（世界の母神）。辞典では「Mount Everest」の山名を入れている。

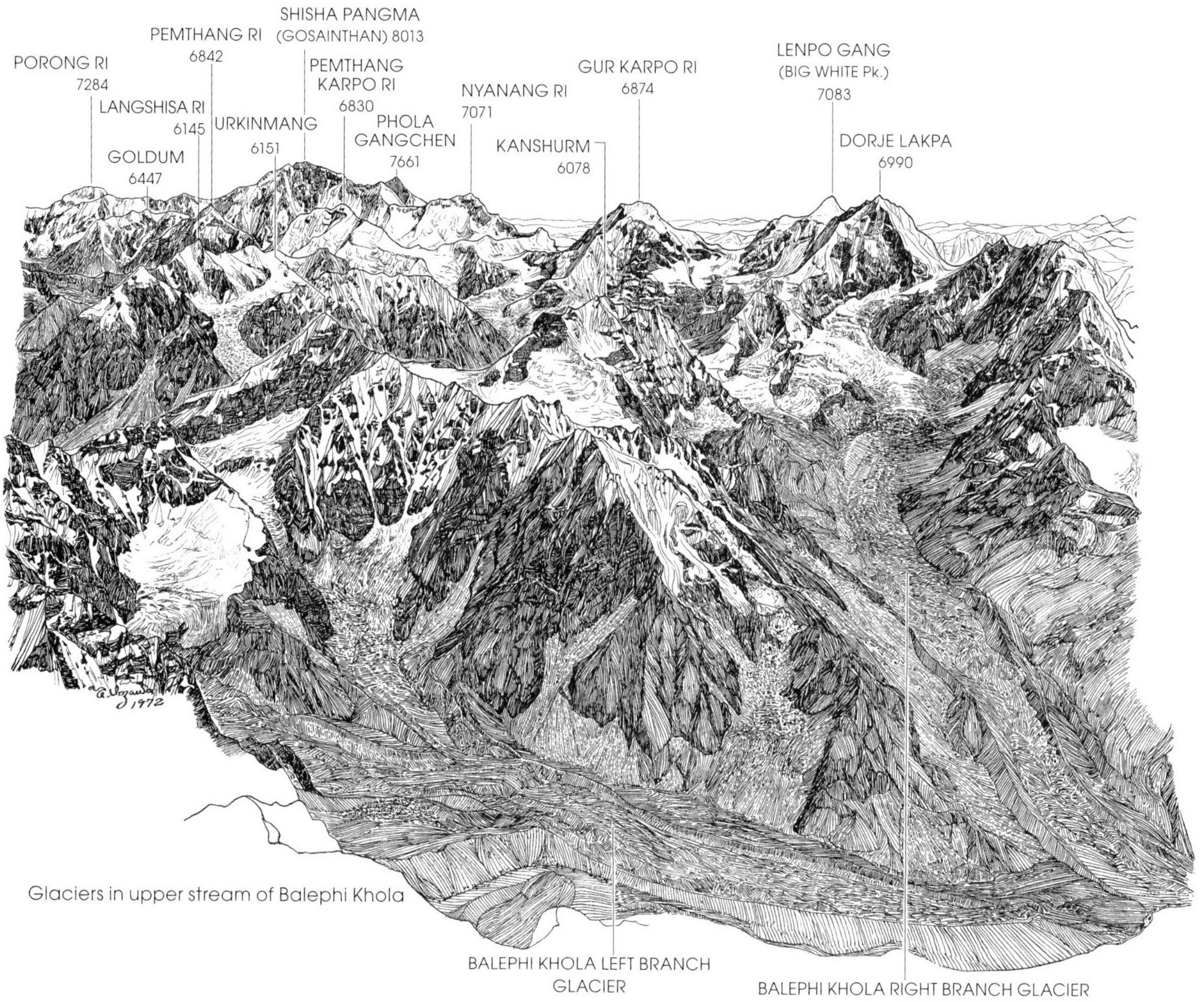

I-22　ジュガールヒマール　Jugal Himal　28×24cm　（「岳人」1972年３月号・中日新聞東京本社）

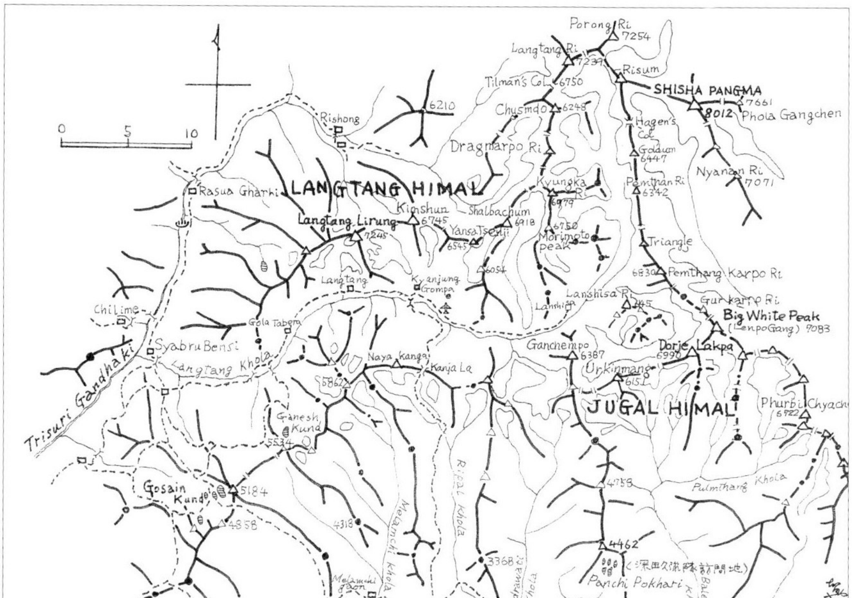

カトゥマンドゥはネパール王国の首都。ヒマラヤ南面の山間盆地にある。東郊の空港におり立つと、緑の山々にかこまれた爽かな空気にホッとする。盆地をとりまく山の上、北側に高く輝くのが、ジュガールヒマールの氷雪の峰だ。一番目立つドルジェラクパ峰の左手、遠くに見えるのがシシャパンマだ。

1958年、深田久弥さんたちは、この山域を目指した。

I-23　ジュガールヒマールとランタンヒマール平面図　Jugal Himal and Langtang Himal　22×15.5cm

シシャパンマは、南側からはゴサインタン(Gosainthan)と呼ばれてきた山である。ランタン谷の谷頭から少し東にずれたチベット領内にあり、この聖者の居場所という意味の山は、チベットでは草地のある山の意味のシシャパンマである。

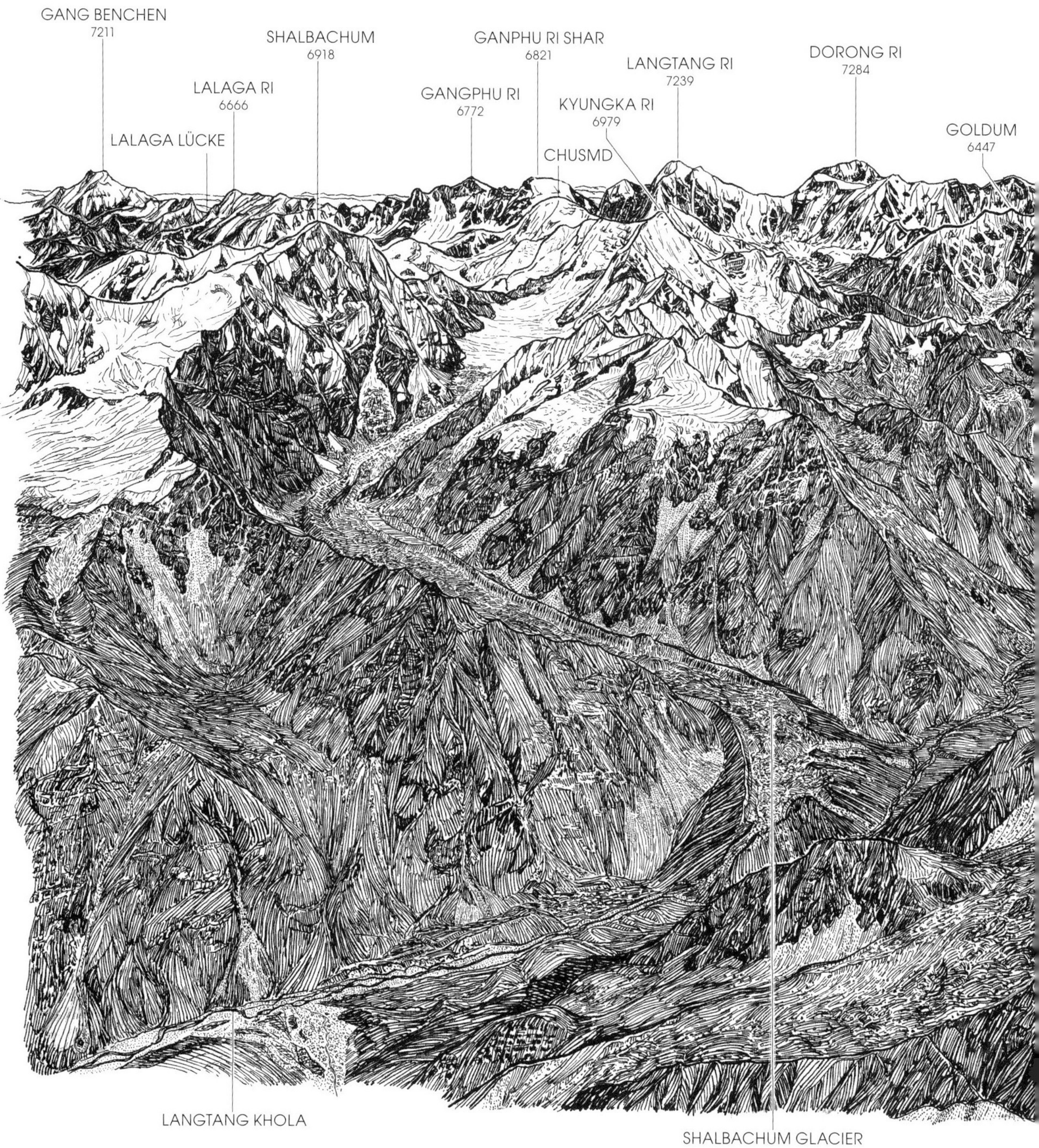

I-24　シシャパンマとランタンヒマール　Shisha Pangma and Langtang Himal
34×21cm　（「岳人」1972年４月号・中日新聞東京本社）

GANG BENCHEN
7211
LALAGA LI
6666
YANSA TENJI
6543
4497
GANGPHU RI SHAR
6821
SHALBACHUM
6918
LANGTANG RI
7239
PORONG RI
7284
SHALBACHUM GLACIER

ランタン谷に入ると、I-24図の右下に示したガンチェンポの鹿島槍の感じに似た姿が眼をひく。シャルバチュム氷河が横から谷にはみ出したのを巻きこむと、谷奥から、このランタンU字谷をつくったランタン氷河が縮小した現在の氷舌端の堆石堤に出る。五百澤が最初に接したのが、これらの氷河とランタンリルン氷河、そしてキムシュンからアイスフォールを垂れ下げている氷河であった。キムシュン氷河の横の扇状地に両氷河の変化を見ようと、測量杭を埋めた測量基線場を作ったが、1970年と1975年の間隔ではこれら氷河に変化は見られなかった。

GHENGE LIRU
6571
LANGTAN LIRUNG
7245
KIMSHUN
6475
A. Nozawa, '72
KYANJIN GOMPA
LANTANG LIRUNG GLACIER

I-25 ランタンリルンとシャルバチュム Langtang Lirung and Sharbachum
34×17cm （「岳人」1972年5月号・中日新聞東京本社）

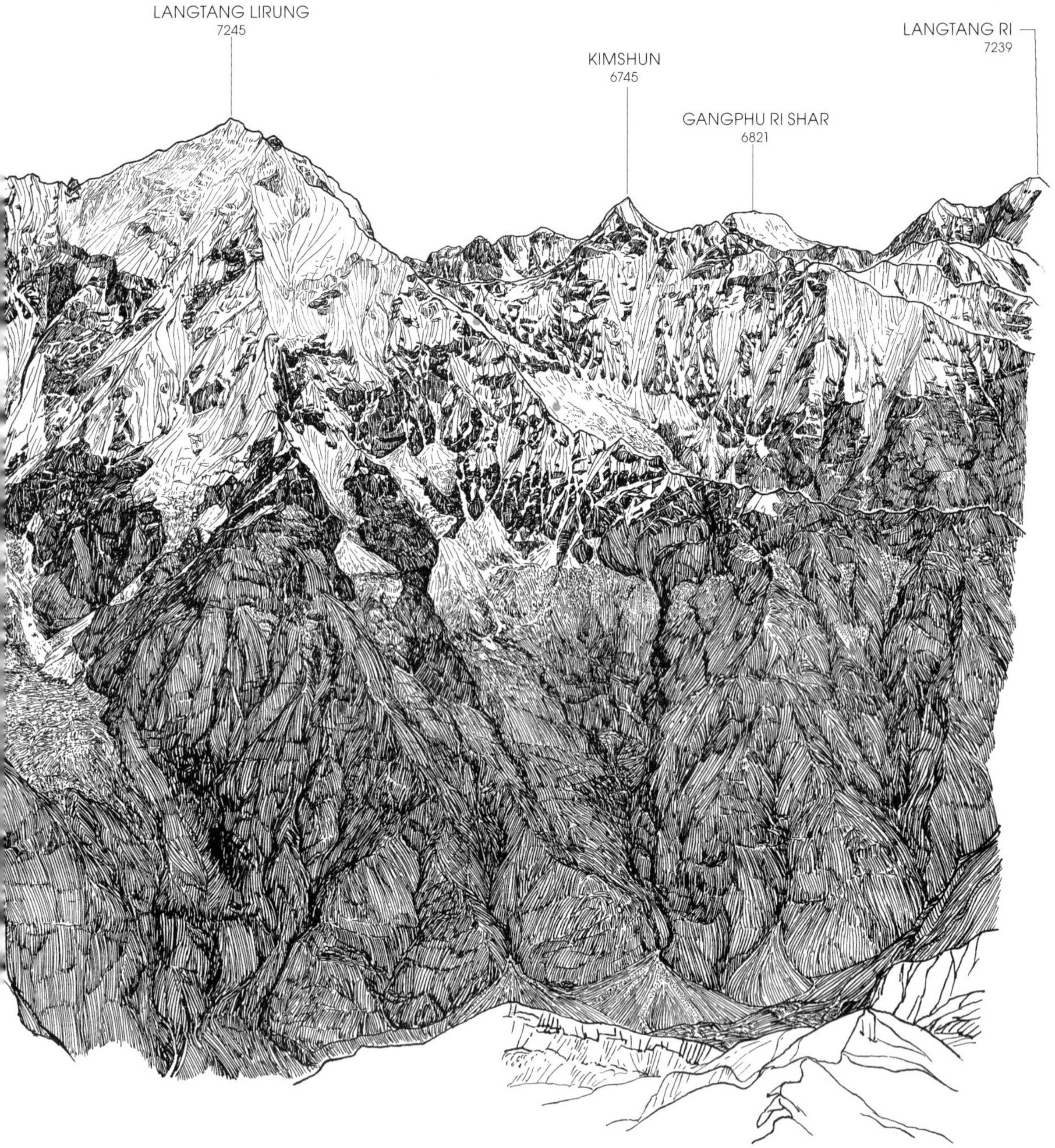
LANGTANG LIRUNG
7245
KIMSHUN
6745
GANGPHU RI SHAR
6821
LANGTANG RI
7239

1959年秋、ランタンリルンを目指した飯田山岳会の登山隊は、リルン氷河のふところに入って、この山は難物と見て転進。シャルバチュムを試みて南稜から初登に成功した。

1961年、大阪市立大学隊がランタンリルンを目指し、キムシュンからの主稜線をルートにえらんだが、5月9日の朝、登頂のために泊まったC3を雪崩に飛ばされて遭難した。

しかし、1978年の再挑戦では同じルートから初登に成功した。南壁右側の南東稜は、1981年4月、群馬県勤労者山岳連盟隊が、26日と28日の2回登攀に成功している。

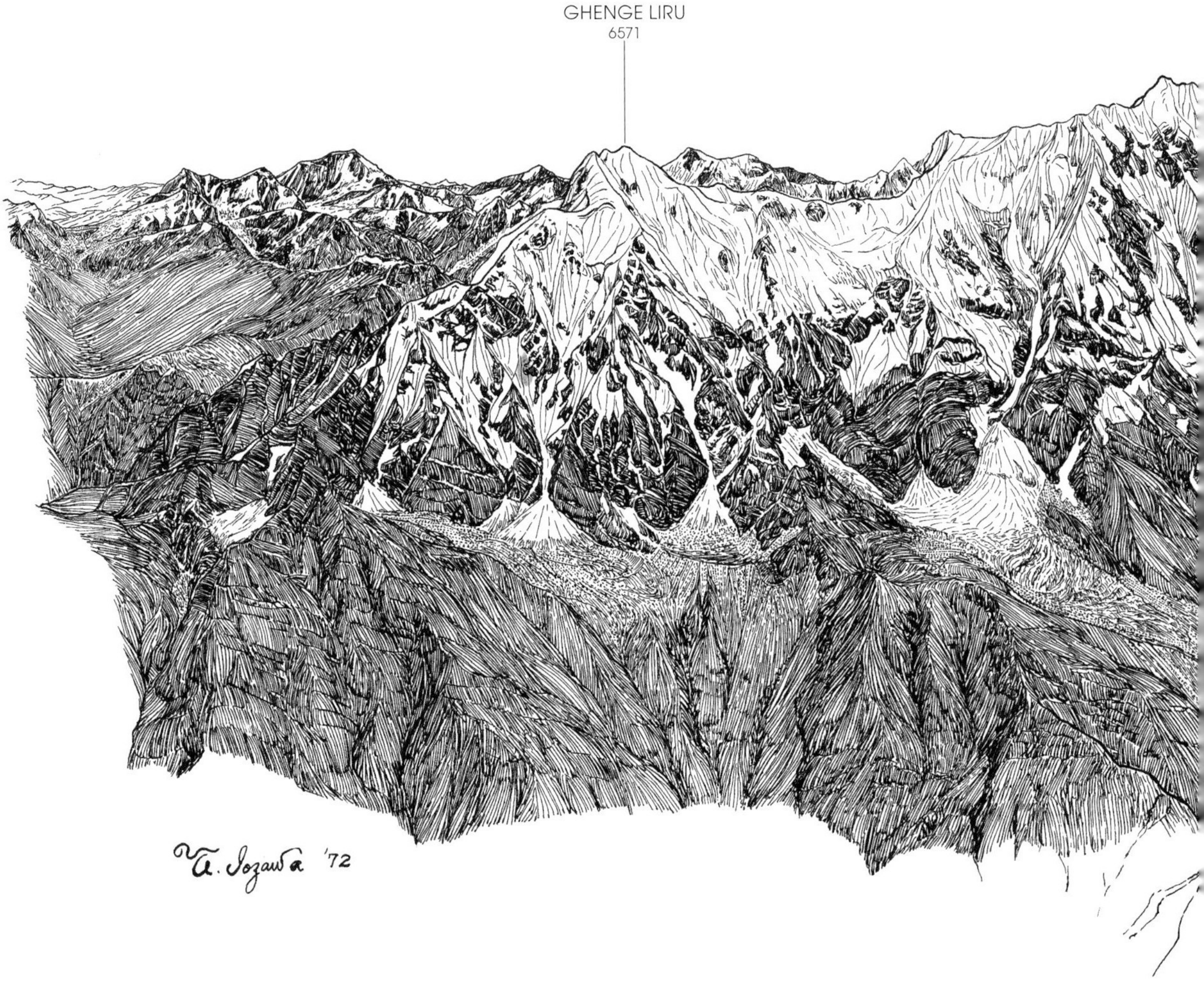
GHENGE LIRU
6571
A. Iozawa '72

I-26　ランタンリルン南面　Langtang Lirung from south
37×21cm　（「岳人」1972年6月号・中日新聞東京本社）

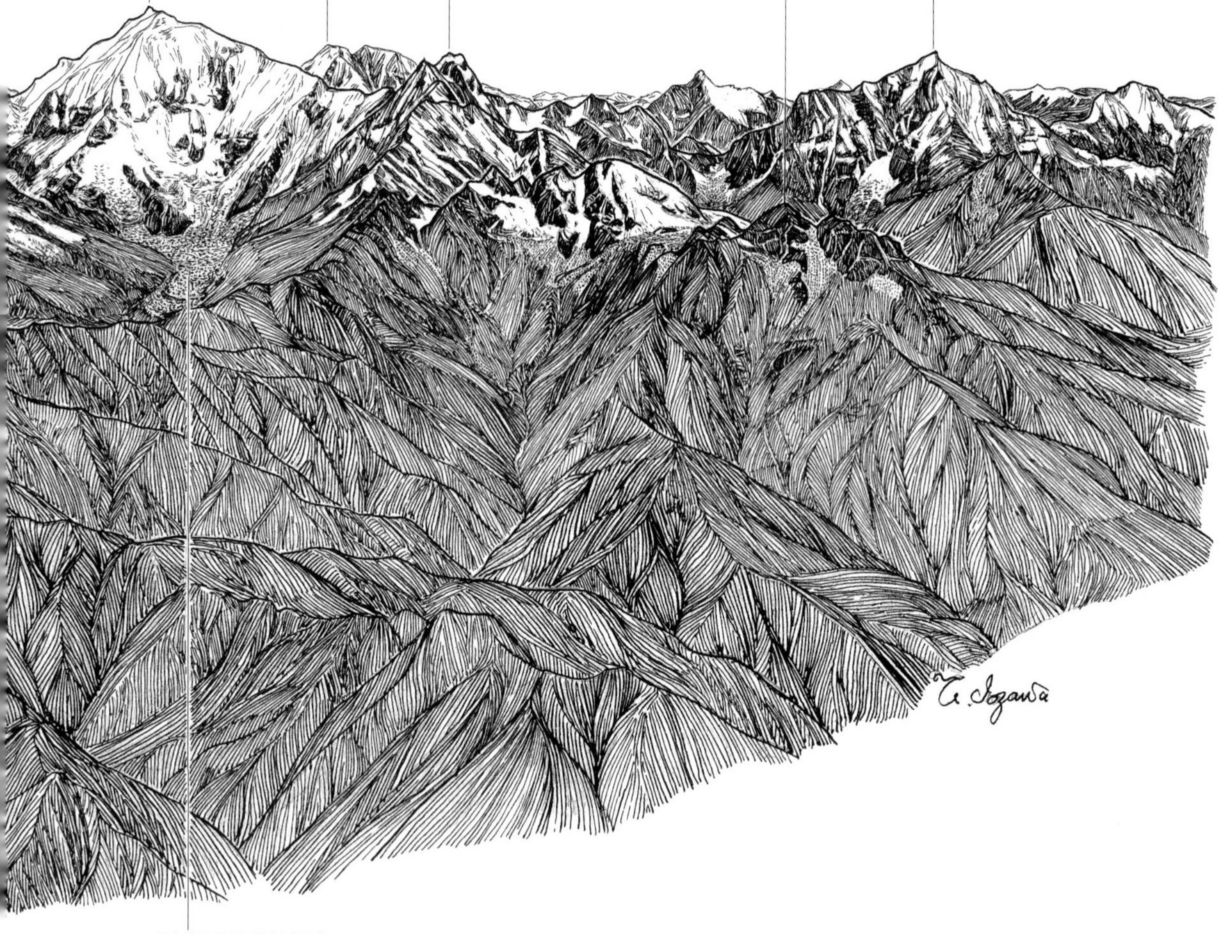
GANESH HIMAL-Ⅰ
7405
CHAMAL (SRINGI HIMAL)
7177
GANESH HIMAL-Ⅶ
6350
LAMPU-Ⅵ
6480
5328
SANGJING GLACIER

カトゥマンドゥの北北西に白い象の頭のような形の峰が見える。ヒンドゥの神様で象の頭をしたガネーシャにちなんで、この峰のふくまれる山群全体を「ガネッシュヒマール」と呼んでいる。Ⅰ-28図にその峰パービルが大きく出ている。山群で一番高い7405m峰がⅠ峰、標高の順にⅦ峰まであるが、個別の名もある。パービルは第Ⅳ峰である。昔は全部ネパール領と思われていたが、中国との国境確定作業の結果、Ⅰ峰とⅥ峰は国境をまたぎ、Ⅶ峰は中国領、残りはネパール領となった。Ⅰ-27図では、右が北で中国側である。

ANNAPURNA-Ⅱ
7937
BAUDHA
6672
HIMALCHULI
7892
DAKURA
(Pk. 29)
7835
MANASLU
8156
GANESH HIMAL-Ⅳ
(PABIL)
7102
GANESH HIMAL-Ⅱ
(LAPSAN KARBO)
7150
GANESH HIMAL-Ⅲ
7130
GANESH HIMAL-Ⅴ
6950
CHILIME k. LEFT BRANCH GLACIER

I-27　ガネッシュヒマール東面　Ganesh Himal from east
32×18cm　（「岳人」1972年7月号・中日新聞東京本社）

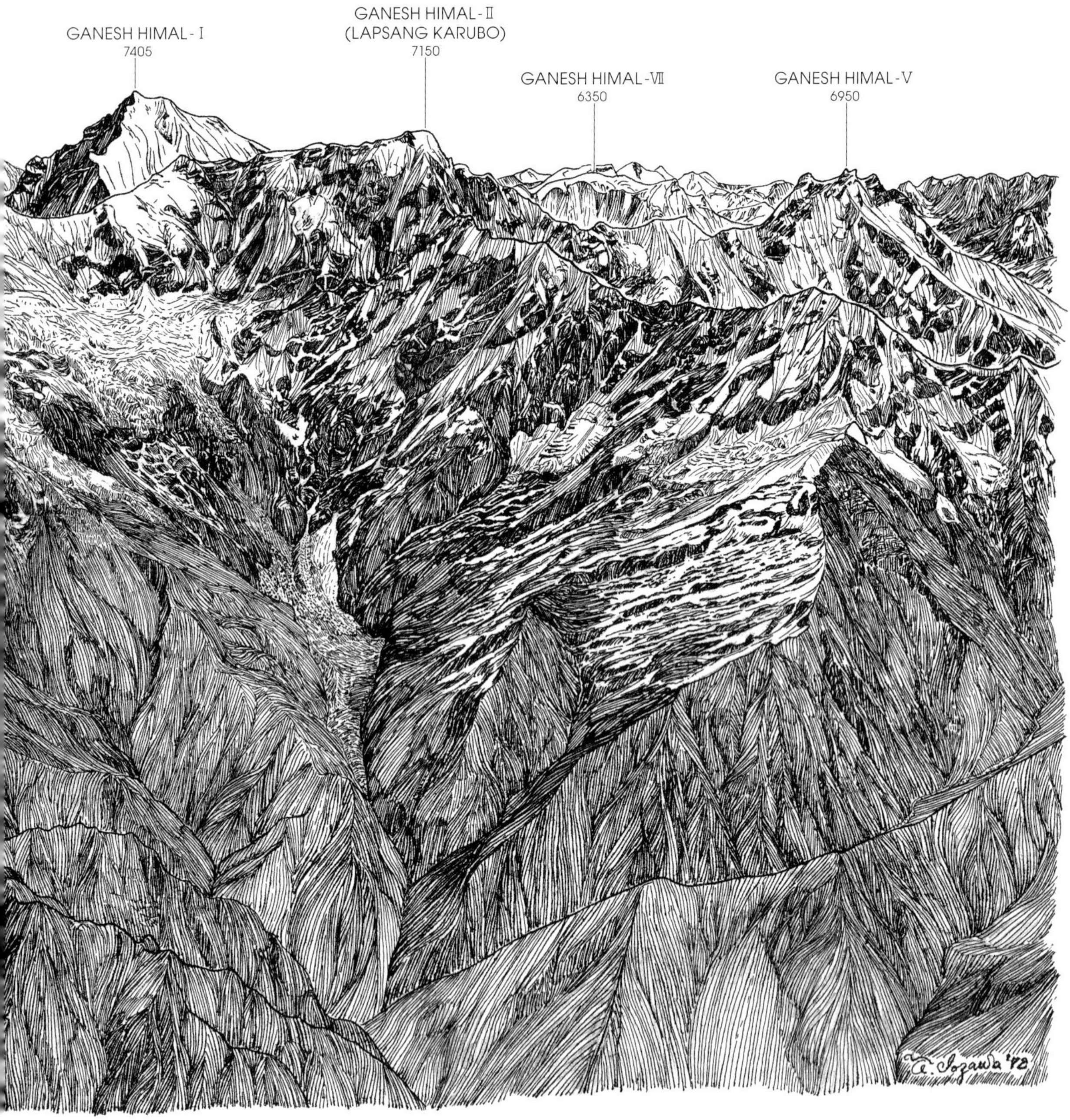
GANESH HIMAL-Ⅰ
7405
GANESH HIMAL-Ⅱ
(LAPSANG KARUBO)
7150
GANESH HIMAL-Ⅶ
6350
GANESH HIMAL-Ⅴ
6950

Ⅱ峰は、1979年、岡山大学とネパールの合同隊が、北面から10月19日初登、３回の登頂で全員が頂上を踏んだ。

Ⅲ峰(7110mと改訂)は1981年西ドイツ・ネパール合同隊が10月16日に北東稜から登った。Ⅳ峰(7052mと訂正)は、1978年、全日本勤労者山岳連盟とネパールの合同隊が、アンクー・コーラ源流から南壁、つまりこの図に見えている面をルートにして10月22日、初登頂に成功した。

Ⅴ峰(6986mと訂正)は、1980年、東京慈恵医科大学とネパールの合同隊がチリメコーラから入って、北面ルートで４月21日、初登に成功している。

GANESH HIMAL-Ⅲ
7130
GANESH HIMAL-Ⅳ
(PABIL)
7102

Ⅰ-28　**ガネッシュヒマール南面**　Ganesh Himal from south　35×21cm

（「岳人」1972年８月号・中日新聞東京本社）

ガネッシュヒマールⅠ峰は、1983年にネパール政府が標高を7429mに訂正した。1955年、東面の図に見えているサンジン氷河から攻めたスイス・フランス合同隊のメンバーが氷河直登に成功した。南面の図は、カトゥマンドゥからの眺めに近く、Ⅱ峰のラプサンカルボが立派に見えている。これも1983年に7111mと訂正された。この↗

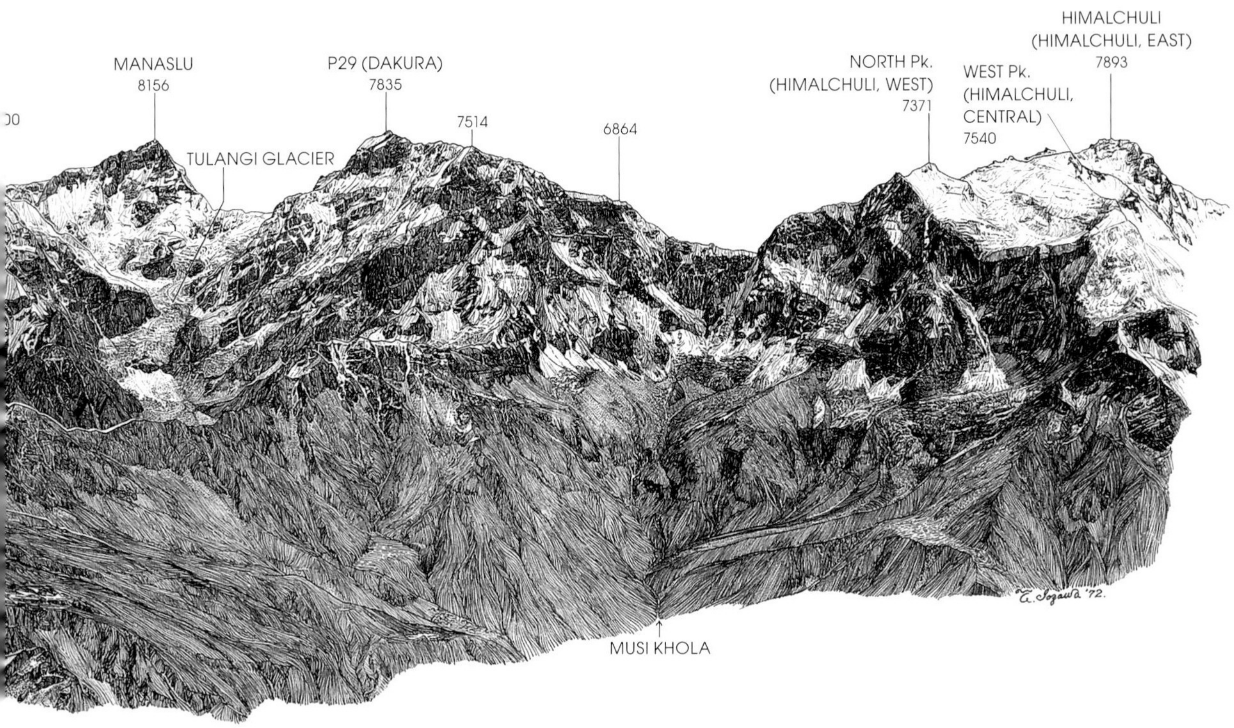

マナスル山は、日本にとって記念碑のような山だ。1950年、フランス隊のアンナプルナ8000m峰人類初登頂に刺激されて、日本でも8000m峰を狙おうという気運が盛り上がった。

マナスルを見つけ出したのは京都学士会山岳会の今西錦司先生である。1952年、西堀栄三郎氏がネパール王室と政府から入山許可をもらうと、登山母体を日本山岳会に移し、1952年秋には今西偵察隊が北面からのルートを見つけ、1953年に第一次隊、1954年に第二次隊を送ったが果たせず、1956年の第三次隊が、５月９日、その初登頂に成功した。

この初登頂はその後の日本登山界の隆盛と日本の社会全体の勢いにつながった。

ヒマルチュリは1960年西面からの慶應隊が初登頂し、大阪大学登山隊が1970年にP29に登ったので、この三山は日本の山となった。1983年、ネパール政府はマナスルの標高を8163m、P29は7871mに訂正した。ヒマルチュリは7893mのままである。

マナスルの方から見たアンナプルナ山群である。主峰とⅡ峰のまわりには氷雪原の高い台地があり、それをつなぐガンガプルナ、ロックノワール、アンナプルナⅢ、Ⅳの峰々がある。東に延びた部分がラムジュンヒマールで、その一段下の5000mから4000mの高さに、この図やⅠ-31図に見られる氷蝕草原台地が見られる。五百澤の第13回のヒマラヤ行は、息子の日丸《ひまる》と一緒にこの地から標高100mのチトワン亜熱帯のジャングルや湿地までの野鳥観察トレッキングになった。37日間で確認鳥類248種というのがその成果である。

LARKYA HIMAL
KANG GULU
7009
PERI HIMAL
6172
6455?
HIMLUN HIMAL
(RATNA CHULI)
7125
CHEO HIMAL
6812
CHO DHANDA
PHUNGHI
6379

I-29　マナスル山群南西面　Manaslu Group from southwest　66×17.5cm
（「岳人」1972年11月号・中日新聞東京本社）

ANNAPURNA-I
8091
FANG
7647
LAMJUNG HIMAL
6983
ANNAPURNA-IV
7525
ANNAPURNA-II
7937
WEST LAMJUNG
SPITZE 6200
EAST LAMJUNG
SPITZE 6150
KHATUNG KANG
6484
YAKAWA
KANG
6482
NAMUN BHANJYANG
5200
GUNDANG
6584
Ei. Tozawa '72

I-30　アンナプルナII峰東面　Annapurna II from east　26×19cm　（「岳人」1972年12月号・中日新聞東京本社）↗

HIMAL CHULI
(HIMAL CHULI, EAST)
7893
SOUTH Pk.

空からネパールヒマラヤ全体を眺めると、一番高い主脈は東部では北のチベット国境近くにあり、西へ行くにしたがってネパール中央部にまで南下してきているのがわかる。そして、ことさら高い部分は、カンチ、クーンブ、アンナプルナ、ダウラギリなどと分離していて、間にチベット高原から流れ出すアルン川、トリスリ、カリガンダキ、カルナリ川などの大峡谷がある。高い部分の間は、7000〜6000mの氷雪をまとった山々が連続していて、その南北両側には5000〜4000mの古い氷河拡大期に氷河が削り出した氷蝕台地が分布している。このラムジュンシュピッツェの南面もそうした古い氷河地形である。

HIMLUNG HIMAL
(RATNA CHULI)
7125
CHEO HIMAL
6812
WEST
LAMJUNG
SPITZE 6200
CHO DHANDA
EAST LAMJUNG
SPITZE 6150
MANASLU-NORTH
7157
PHUNGHI
6379
MANASLU
8156
6700
DAKURA (Pk. 29)
7835
Mudkyun Khola

I-31 ラムジュンシュピッツェと周辺の氷蝕地形 Glaciated area around Lamjung spitze

38×22cm （「岳人」1972年12月号・中日新聞東京本社）

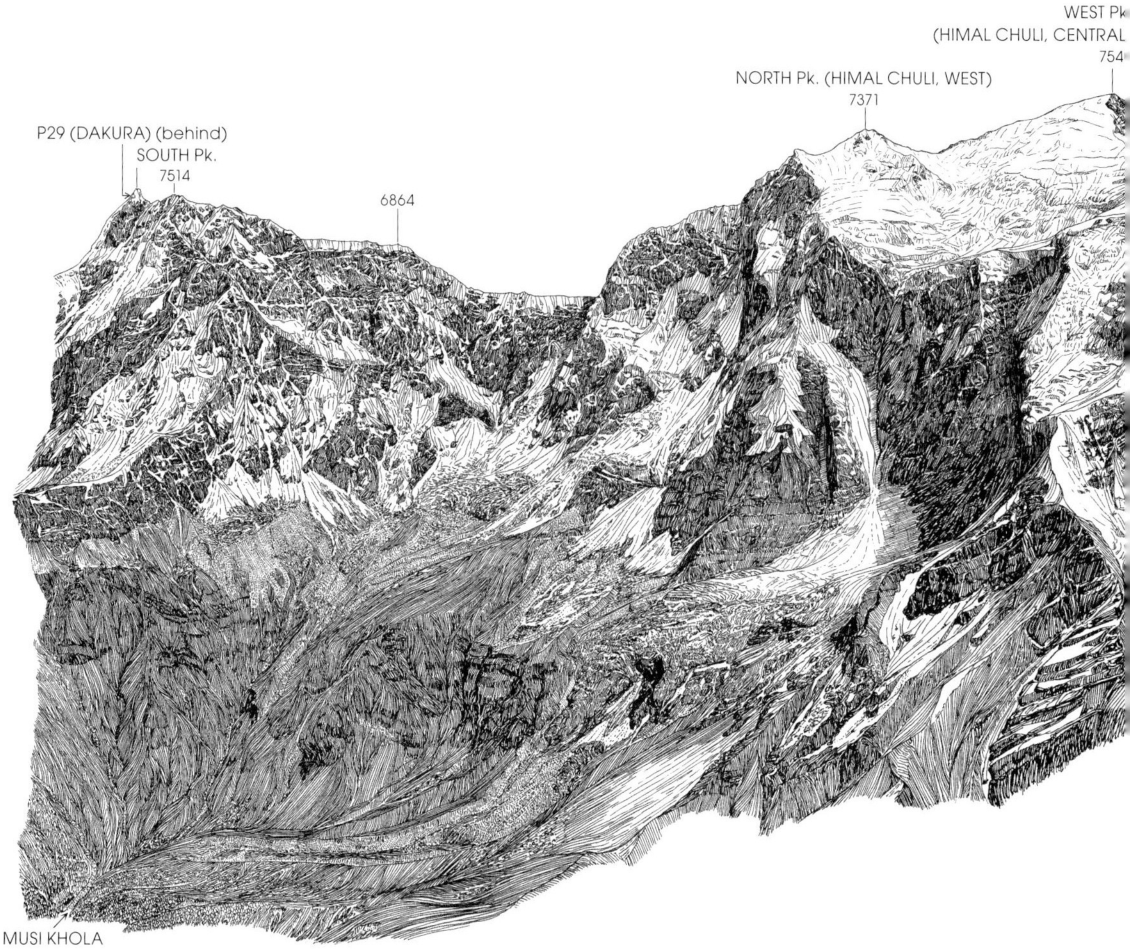

I-32　ヒマルチュリ西面とP29　Himal Chuli from west and P29　36×24cm
（「岳人」1972年10月号・中日新聞東京本社）

カトゥマンドゥ付近からマナスル山群を眺めると、魅力的で目立つのがこのヒマルチュリで、ネパール語の「ナイフのようにとがった雪の山」という意味である。1959年、日本山岳会の登山隊が東面から狙ったが、氷壁にはばまれ、7400mで断念した。1960年、慶應義塾体育会山岳部とそのOBの登山隊が、西面にルートを探し、５月24日と25日、２度にわたって計４名が登頂に成功した。東面、西面の両ルートは、58ページのI-46「ヒマルチュリ」地形図に示してある。

P29は、大阪大学登山隊が、1961年西面、63年東面に偵察隊を出し、1969年秋には東面に登山隊を送ったが、季節を逃して断念。1970年秋、またまた攻撃に向かった大阪大学登山隊の7500mのキャンプから出た登頂隊の二人は、キャンプからの遠望で登頂したかに見えたが、下山時に墜落して、遺体が収容された。状況証拠により、これが初登頂とされている。

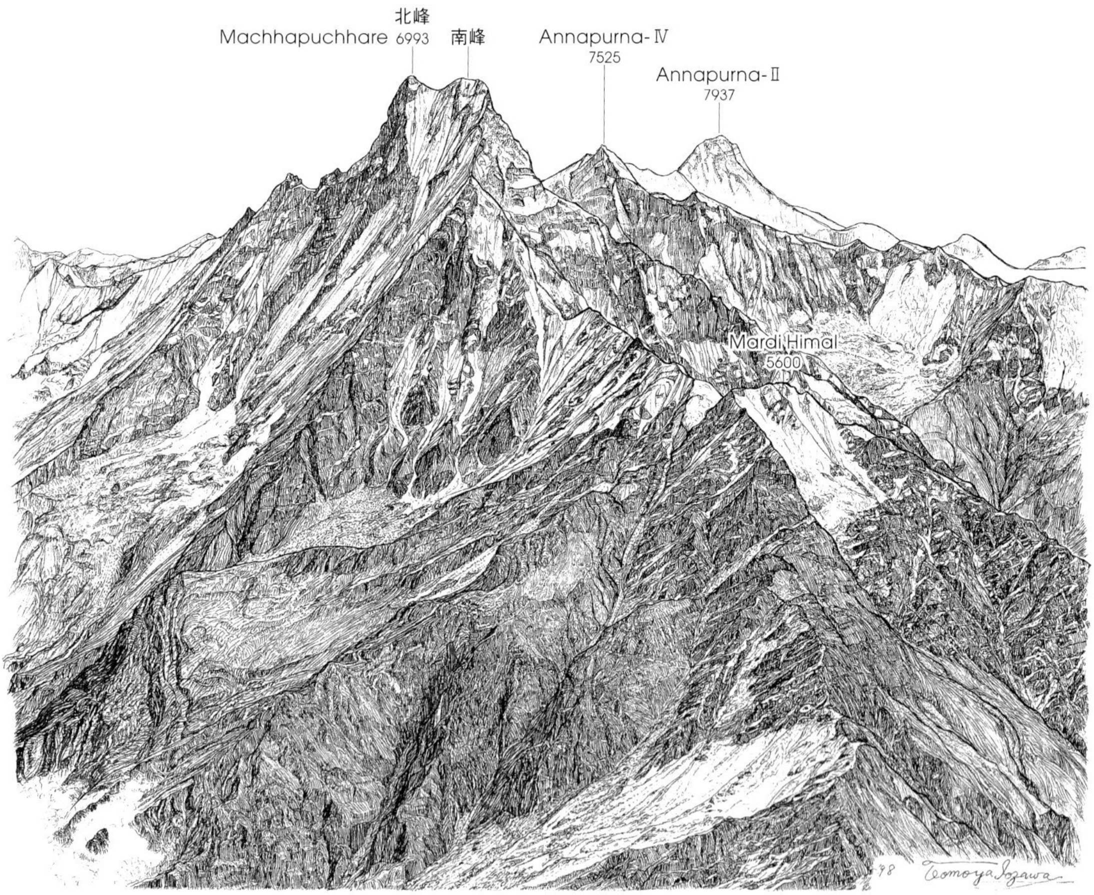

Ⅰ-33　**マチャプチャレとアンナプルナⅡ峰**　Machhapuchhare and Annapurna Ⅱ　30×27cm
（未発表・1998年作成・鉛筆画）

ヨーロッパアルプスを代表する山がマッターホルンだとすると、同じような鋭い山容をしているこのマチャプチャレがヒマラヤの代表であろうという意味で、ヒマラヤのマッターホルンと称されている。しかし鋭い三角錐は麓のリゾート地ポカラからの眺めで、マチャ＝魚、プチャレ＝尾びれ、の山名は、この図のようにやや西側に回った地点から起こったにちがいない。こちら側からだと北峰と南峰の両方が見えて、まさに魚の尾のようだからである。手前右側の稜に一つのピークがあり、マルディヒマールと呼ばれる。1981年秋のカンチェンジュンガ撮影の後、五百澤は小野有五氏と共にその稜をたどった。ピッパル湖の上方、4000mの岩稜上で雪面に49cmの雪男の足あとを見つけ、写真にとった。マルディヒマールは標高5600mである。

サイパルは、ネパール西部の雄峰で、その雄大な姿は古くから知られていた。1953年のオーストリア隊以来、幾多のヨーロッパ隊がこの山の登頂を目指したが果たせず、1963年、同志社大学山岳部の隊が試みて、10月21日、平林克敏とシェルパの二人が初登に成功した。図はサイパルの南面であり、左の遠方の２峰は、アピ(7132m)とナンパ(6755m)と思われる。アピが西にあり、ナンパはその東なので右側、見かけ上高いのがナンパらしい。1960年、平林克敏はアピにも北面からのルートで初登頂した。ナンパもヨーロッパ隊の攻撃をかわしつづけていたが、1972年春、西稜ルートを狙った青森山岳連盟隊が５月５日、初登を果たした。西ネパールで日本隊が大活躍している。サイパルの標高は現在7031mとされている。念のため。

I-34　アンナプルナⅠ峰南壁　Annapurna-I south face　16×11cm
（『コンサイス外国山名辞典』三省堂1984年刊）

アンナプルナは、1950年、鎖国を解いたばかりのネパール王国に入ったモーリス・エルゾーグ隊長のフランス登山隊が、6月3日、人類初の8000m峰登頂に成功した記念すべき山である。

南壁は、1981年春、ポーランド隊が右バットレスから中央峰への登頂に成功したのが最初である。日本のイエティ隊は中央岩稜から81年10月29日に登頂したが、1名が死亡している。その死亡した加藤康二氏と五百澤は、その年の春、カンチェンジュンガの隊で一緒だった。

I-35　サイパル　Saipal　18×12cm　（「岳人」1973年1月号・中日新聞東京本社）↗

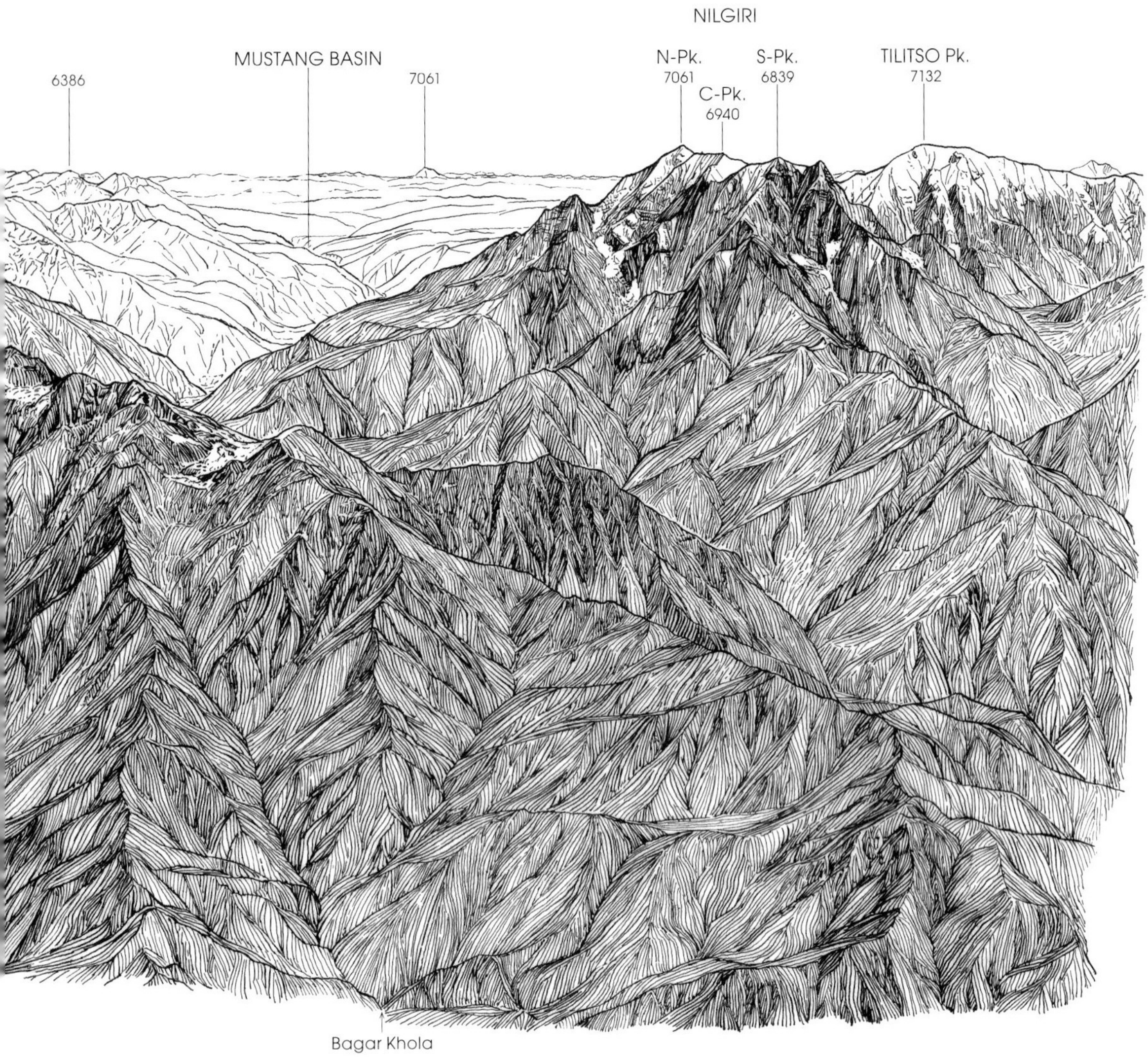
NILGIRI
MUSTANG BASIN
6386
7061
N-Pk.
7061
C-Pk.
6940
S-Pk.
6839
TILITSO Pk.
7132
Bagar Khola

ネパールヒマラヤを飛ぶ

ネパールヒマラヤの上空を何度も飛んだ。

どの山も、どの峰も、それぞれに素晴らしいものばかりであるが、目立って魅力的、圧倒的な量感で目が離せなくなるような山がある。

そんなすごい山を東から西へと印象で書いてみよう。まず、カンチェンジュンガの大城砦がある。右にカブルー、左にジャヌーの出城、背後にジョンサンの砦を備えて中央に主峰・ヤルンカンなどの四峰の連立天守閣が高い。

その西にアルン川に向かってマカルーの仁王を立て、運動会の騎馬戦のようにローツェ、ヌプツェの組んだ肩の上に乗ったサガルマータ（エヴェレスト）、並んでギャチュンカンとチョー・アウイの肩に乗ったチョー・オユーがそびえるクーンブの城がある。シシャパンマ、ガネッシュは地方の砦。次にマナスル山群の騎馬武者縦隊がひかえ、マルシャンディ川の西に宮殿のようにきらびやかなアンナプルナ山群が鶴翼の陣で大きく構え、カリガンダキの峡谷をへだてて、ヒマラヤの巨人、大入道のダウラギリが俺こそ盟主と、圧倒的な威圧をもって立ちはだかっているのである。

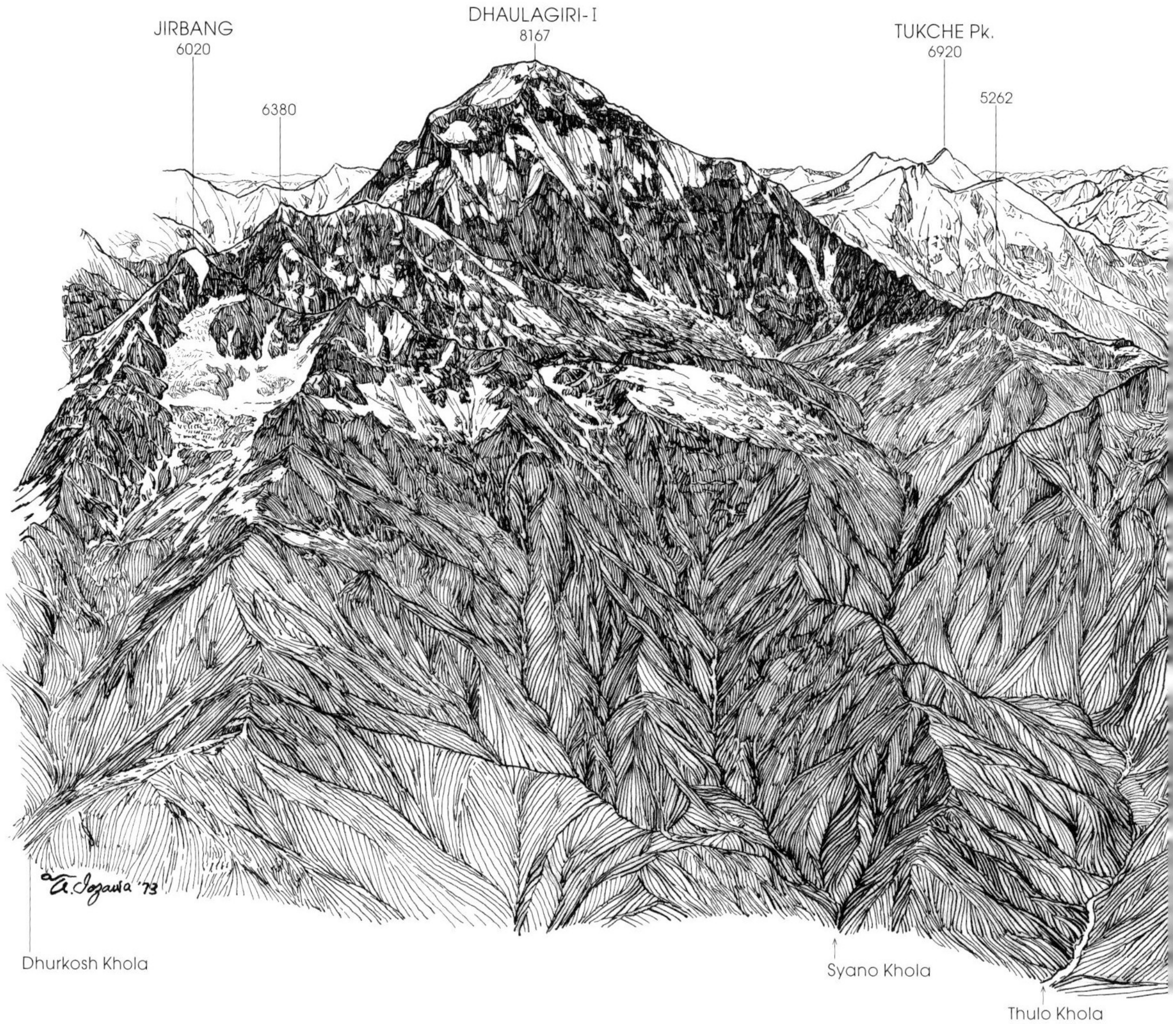

I-36　ダウラギリ主峰とニルギリ　Dhaulagiri main peak and Nilgiri　37×17cm
（「岳人」1973年8月号・中日新聞東京本社）

ダウラギリ主峰を最初に狙ったのは1950年フランスのエルゾーグ隊だったが、すぐあきらめてアンナプルナに転進した。第2回目は1953年のスイス隊、3回目は1954年のアルゼンチン隊と毎年各国の登山隊が北面からの登頂を目指したが失敗。1960年、第8回目の国際隊は、隊長が第6回のスイス隊員で、その時に北東稜が良いと見定めていたので、飛行機で氷河涵養域まで荷物を運びこむやり方もとりあげ、事故や悪天も乗りこえて、その北東稜から、5月13日の金曜日に初登を果たした。以来毎年各国の登山隊が、古いルート、新しいルートを目指して行動するにぎやかな山になっている。図の正面が南壁でその左側中央にある山脚は1978年、東京登山隊が初登。右側の南東稜は1978年、群馬岳連隊が初登である。

ニルギリはアンナプルナ山群の西端にあり、北峰は1962年、オランダ隊が、中央峰は1979年、松山商科大学隊、南峰は1978年、信州大学隊が初登である。ティリツォピークはアンナプルナ北面の大障壁連嶺の主峰。マルシャンディ源流の氷河盆地の湖「ティリツォ」のすぐ上にそびえることから薬師義美氏が命名した。1978年10月10日フランス隊初登頂。「ツォ」はチベット語で湖の意、中国では「错」の字をあてている。「ニルギリ」は青い山の意。

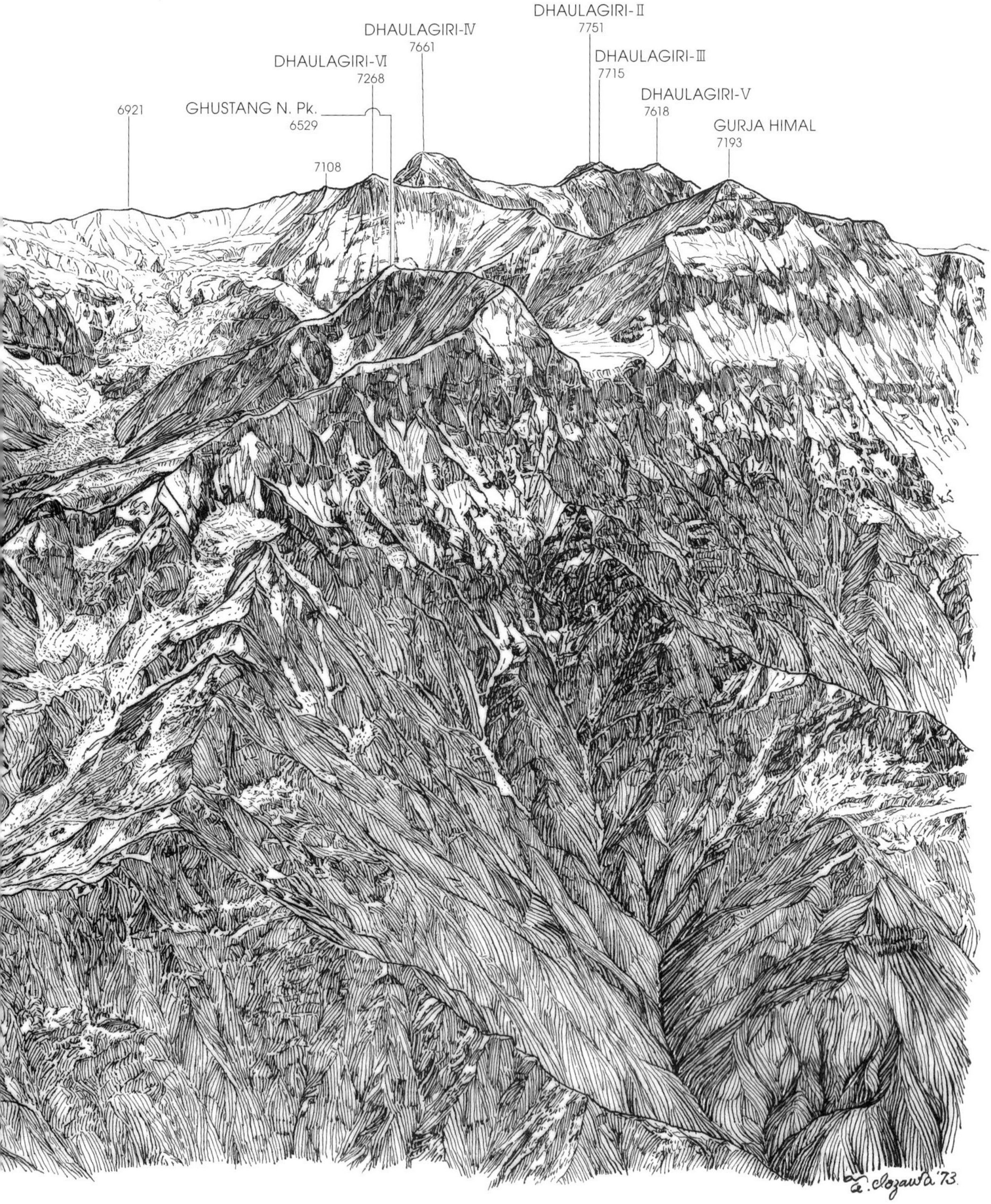

阪岳連隊が登頂したが下山中に氷河転落で死亡。1975年の秋に入ったカモシカ同人隊が10月19〜21日の３日間で11名が登頂した。

チューレンヒマールは1970年、静岡大学隊が西峰に登頂している。「チューレン」はチベット語で「川の源流」をいう。グルジャヒマールは、1969年、富山の薬師隊が西のカペコーラから上部カペ氷河にまわりこんで11月1日初登頂。山名はスイスのトニーハーゲンが1956年に南麓の村名にちなんで命名した。

CHUREN HIMAL
PUTHA HIUNCHULI
7247
WEST Pk.
7371
EAST Pk.
7371
CENTRAL Pk.
7375
KAPHE KHOLA

Ⅰ-37　グルジャヒマールからチューレンヒマール　Gurja Himal to Churen Himal

32×20cm　(「岳人」1973年９月号・中日新聞東京本社)

ダウラギリ山群についてはⅠ-4、Ⅰ-9の鳥瞰展望図でおおよその見当をつけてほしい。主峰以外は山脈状の連峰で、ローマ数字のナンバーは標高の順で、北のダウラギリⅡ峰は、1954年、英国ロバーツ隊から始まって各国隊が何度も攻撃したが、６回目のオーストリア隊が1971年初登。ダウラギリⅢ峰は1973年ドイツ隊、ダウラギリⅣ峰は1975年、大↗

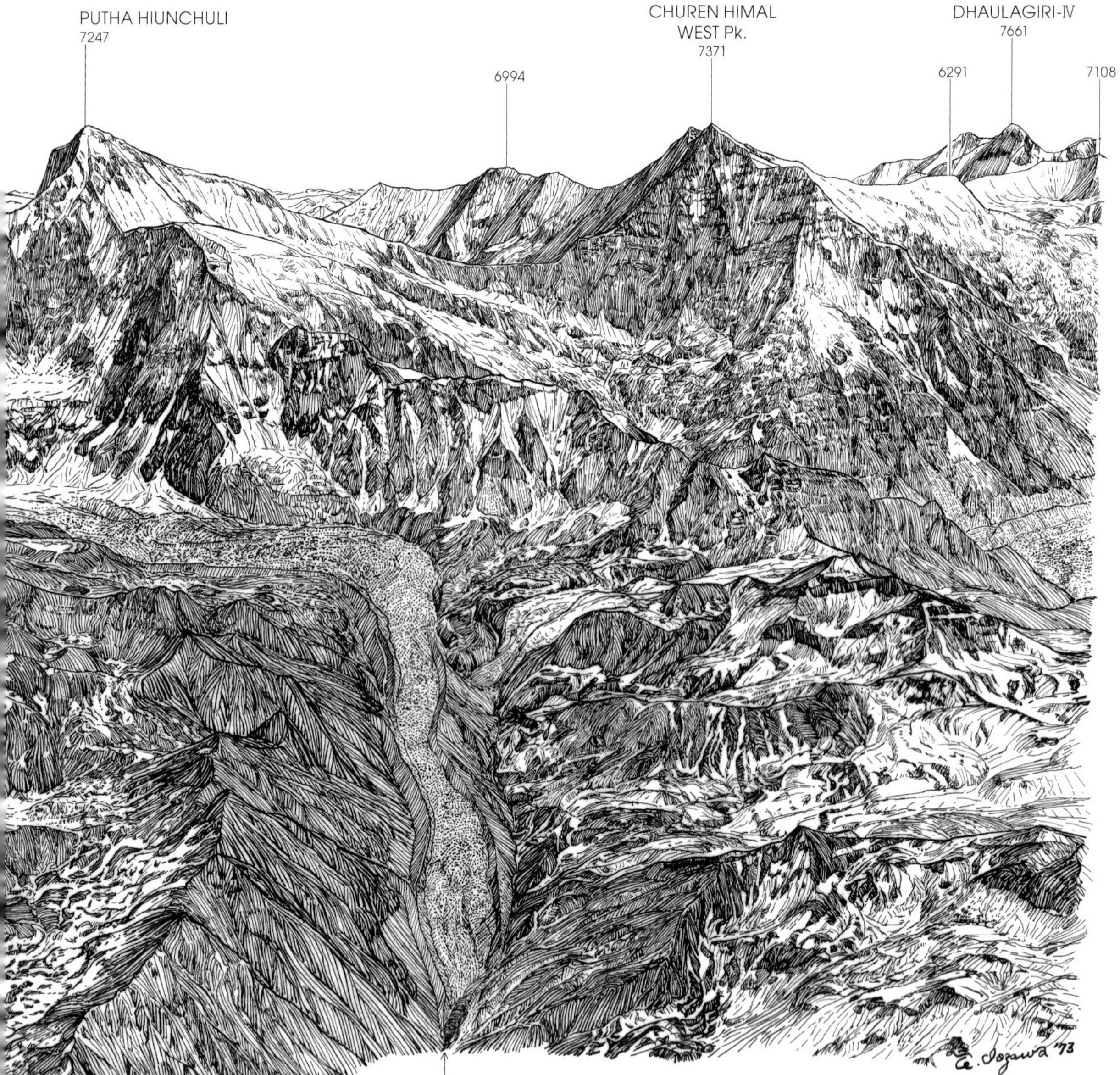
PUTHA HIUNCHULI
7247
6994
CHUREN HIMAL
WEST Pk.
7371
6291
DHAULAGIRI-Ⅳ
7661
7108
Dogari Khola Right Branch Glacier

プタヒウンチュリは、以前はダウラギリⅦ峰になっていた。ダウラギリ山群をめぐる河系は、東側のカリガンダキの峡谷の南北谷は単純だが、西側のカルナリ河水系は曲がりくねって迷路のようになっている。支流のベエリ川の上流のバルブン川から南に派生する枝谷が山体の北側を刻んでいる。南側はミャグディ川、西側はグスタン川が刻む。山体上部は氷雪区だが、その下は図のように、かつて氷期に氷河が削った氷蝕台地が続き、現在の雪崩涵養の氷河がそこに延び出している。このプタヒウンチュリは、1954年、英国のロバーツ隊が初登頂した。

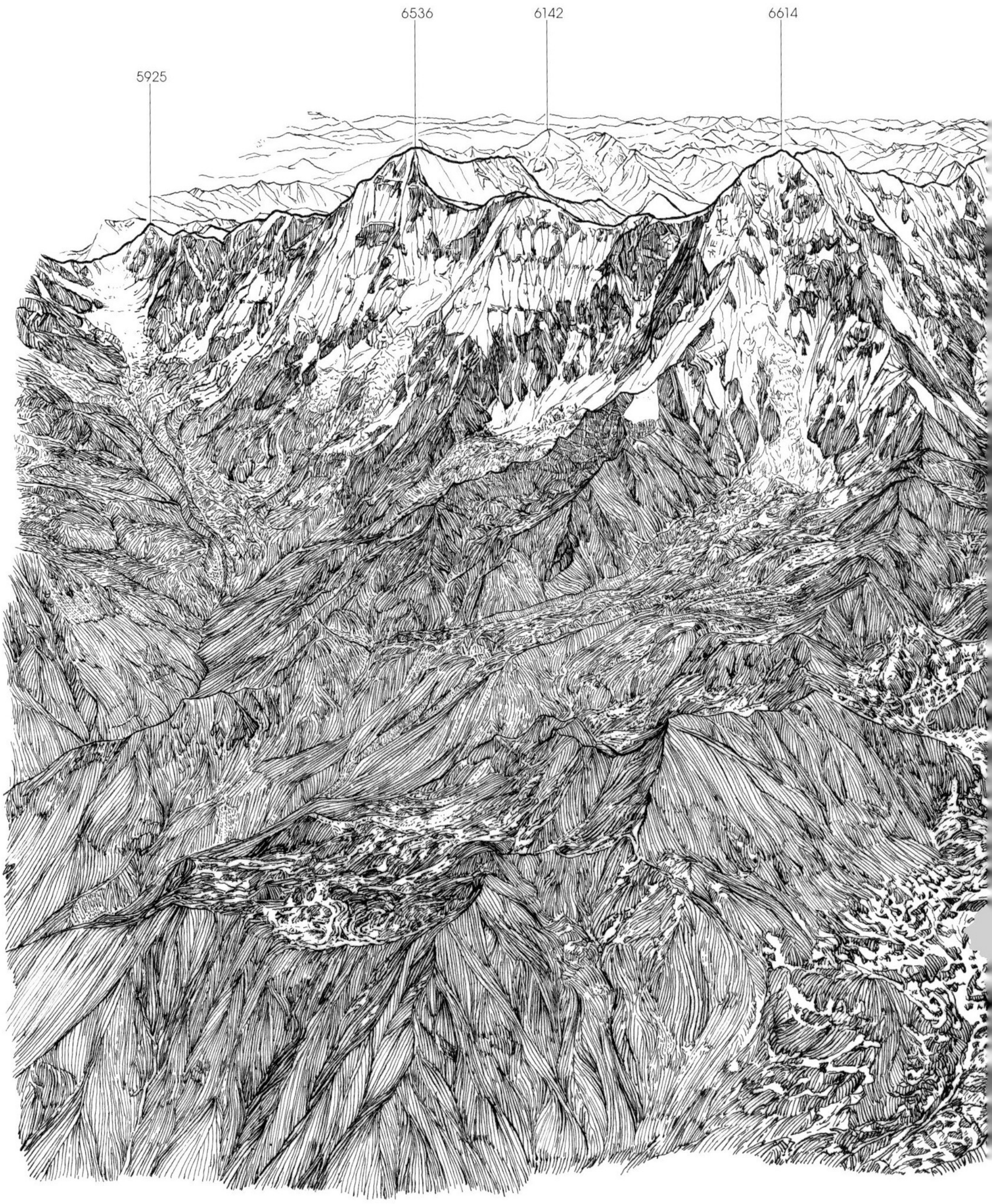

Ⅰ-38　プタヒウンチュリ　Putha Hiunchuli　36×22cm　(「岳人」1973年10月号・中日新聞東京本社)

I-39　**チャンラヒマール**　Changla Himal　38×12.5cm　（「岳人」1973年12月号・中日新聞東京本社）

「ラ」はチベット語で「峠」の意。ネパール西部、北辺のチベットへ越える氷雪原の峠近くにそびえる6518m（ネパール政府が1983年、6563mに改正）の山、この図では、何の資料に基づいたのか覚えがないが、6715mになっている。

氷雪原はツァンポー川の水源の一つとなっていてヘディンに記録がある。1983年春に日本から西北ネパール女子学術登山隊（遠藤京子隊長）が入山、西稜からの登攀を試みたが、５月28日、6300mで断念した。

ネパール西部の中心地ジュムラ（Jumla）からチベットの普兰《プーラン》（Burang）へ行くコースの途中から分岐する古代の通路の峠が、チャンラである。

ダウラギリ主峰の南西、グルジャヒマール、プタヒウンチュリとヒマラヤ山脈の中軸が西へ延びて、高度を減じ、中心がばらけた感じになる。北にカンジロバの山列、南にこのヒウンチュリパータンが独立したブロックの山群として現れる。ヒウンチュリパータンの標高は主峰で5916mとそう高くはないが、みな峻峰で岩壁も魅力的である。たくさんの見事な圏谷が並んでいて、小型氷河地形の研究によい。

1973年、英国隊（A.ラッセル隊長）が北峰に登頂した。主峰は未踏である。周辺の渓谷がけわしく、取り付きのむずかしい山群である。

CHANGLA HIMAL MAIN Pk.
6715

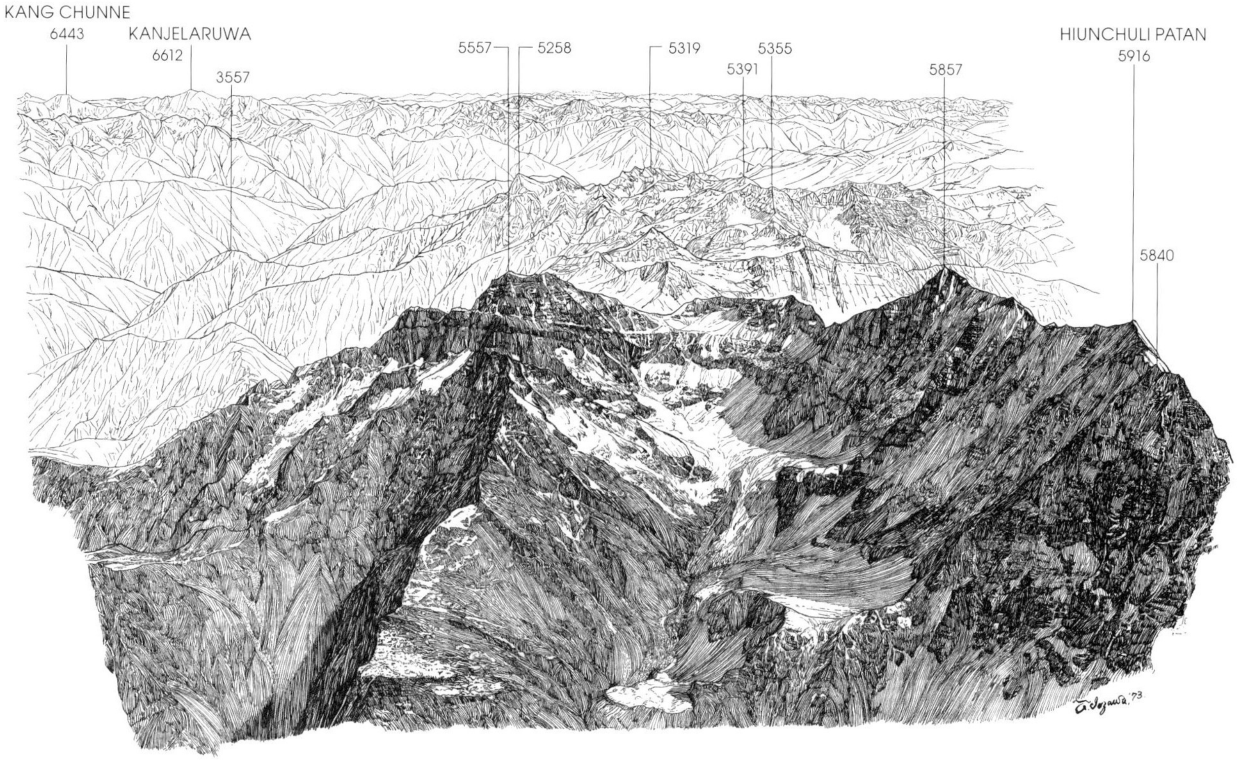
KANG CHUNNE
6443
KANJELARUWA
6612
3557
5557
5258
5319
5391
5355
5857
HIUNCHULI PATAN
5916
5840

I-40　ヒウンチュリパータン(西壁を南から見る)　Hiunchuli Patan west face from south ↗

33×19cm　(「岳人」1973年11月号・中日新聞東京本社)

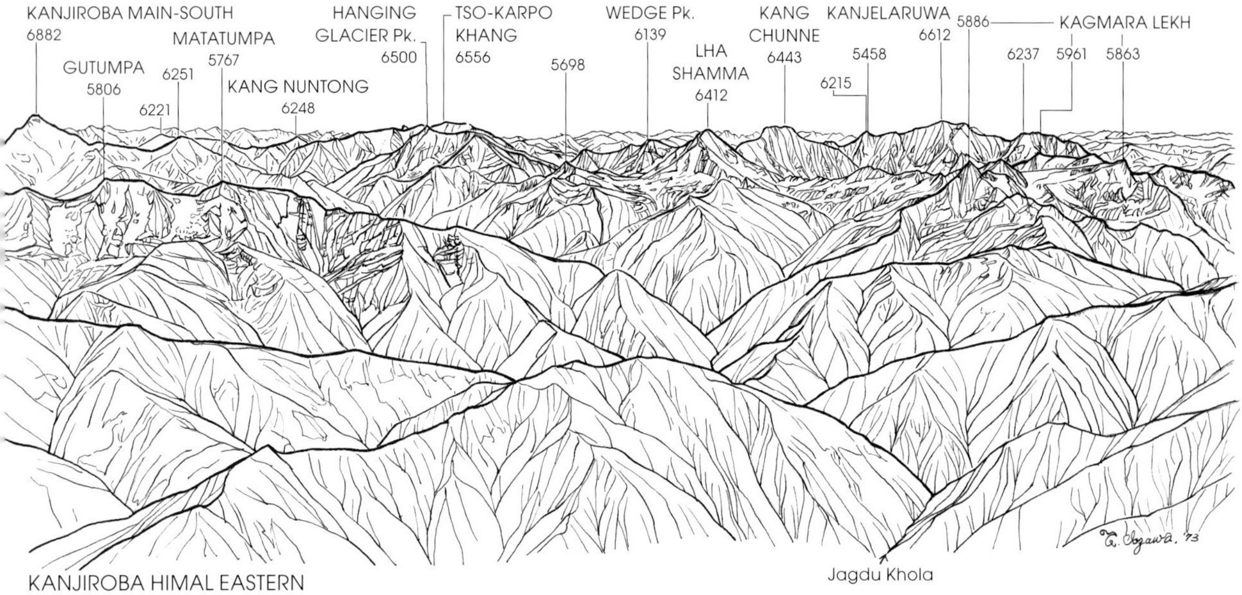
KANJIROBA MAIN-SOUTH
6882
GUTUMPA
5806
6221
6251
MATATUMPA
5767
KANG NUNTONG
6248
HANGING
GLACIER Pk.
6500
TSO-KARPO
KHANG
6556
5698
WEDGE Pk.
6139
LHA
SHAMMA
6412
KANG
CHUNNE
6443
6215
5458
KANJELARUWA
6612
5886
6237
5961
KAGMARA LEKH
5863
Jagdu Khola
G. Ogawa '73

KANJIROBA HIMAL EASTERN

カンジロバ山群

ダウラギリ山群沿いに西へ飛ぶと北側にカンジロバヒマールが現れる。1953年、この地域を歩いたティッヒーが本の文章で世に紹介し、マルセルクルツが地理的にデータをまとめた。1970年、大阪市立大学隊が主峰に登頂し、以来多く登られている。主峰南のビジャラヒウンチュリは1974年、山形大学隊が登った。

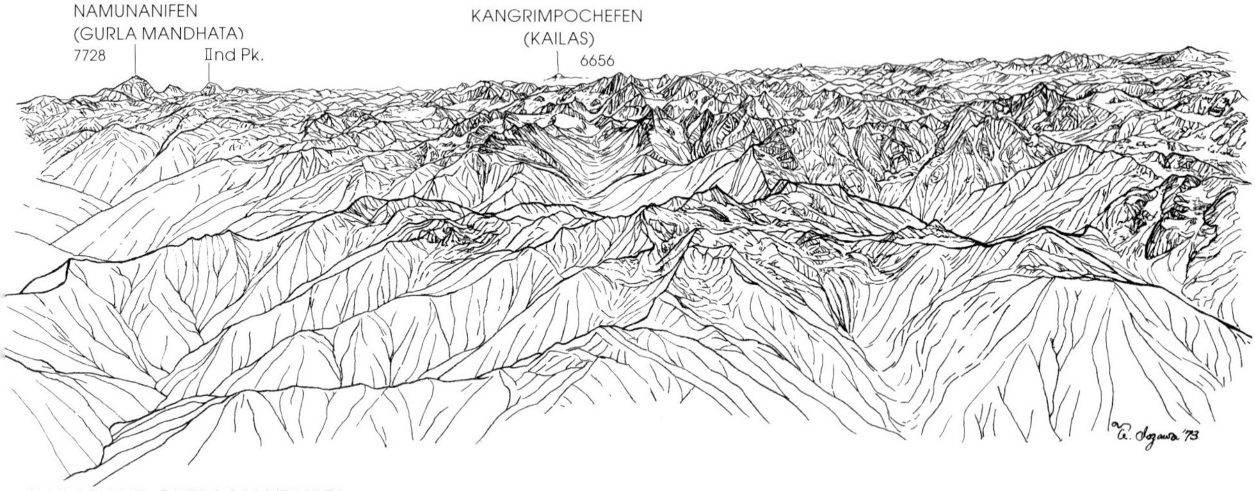
NAMUNANIFEN
(GURLA MANDHATA)
7728
IInd Pk.
KANGRIMPOCHEFEN
(KAILAS)
6656
G. Ogawa '73

KAILAS AND GURLA MANDHATA

ネパールヒマラヤ最西端の山々

ヒウンチュリパータンを観察し、カンジロバの山なみを北に見て飛ぶ。ネパール西部の中心都市のジュムラ、そしてまるい湖のララを見おろしたら、西に向かう。北西方向につづく山々の上に屋根形の大きい山が見える。グルラマンダータことナムナニ峰《フェン》である。その右手遠くにカイラスことカンリンポチェ峰もポツンと見える。西の行く手に幅広いサイパルの山が近づいてくる。南にまわると、ナンパ、アピと最西端の山が現れた。われわれのチャーター機はここでUターンして帰路についた。

1984年、ナムナニ山北東面の氷河雪原で、ナムナニ北東稜のルートを見極め、普兰《プーラン》の町に出た。ここでかつての城塞タクラコートの廃墟や、ネパール国境に近いクジャ寺を見学した。左図はその普兰の町から南を見て、アピ・ナンパ山群を描き、地元の呼称を記録したものである。

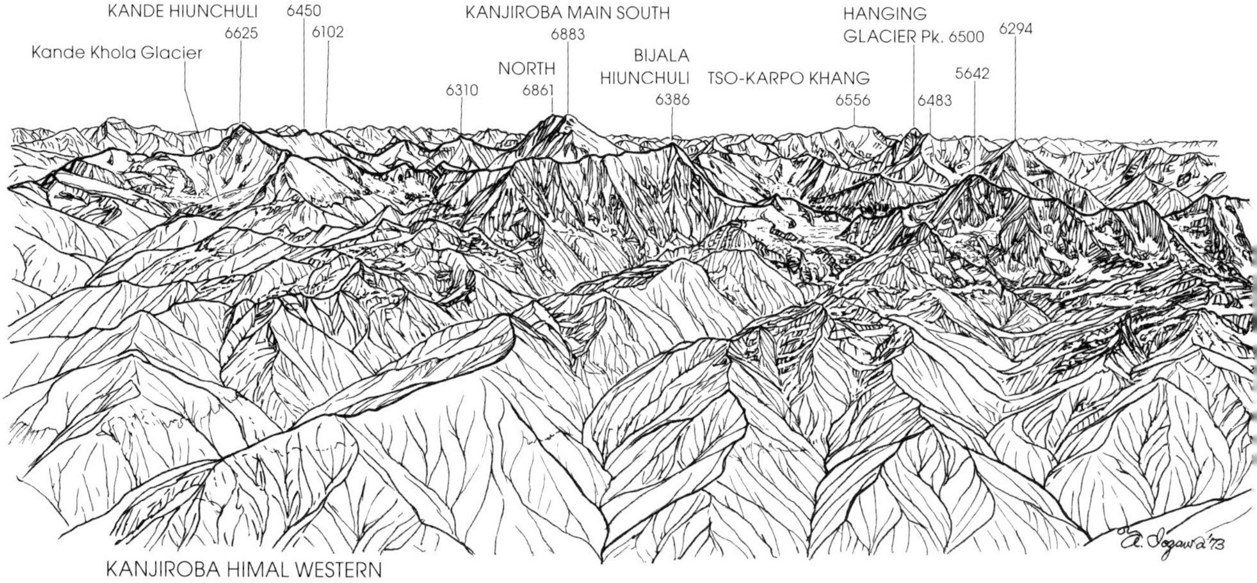

I−41　カンジロバヒマール　Kanjiroba Himal　29×14cm　（「岳人」1973年４月号・中日新聞東京本社）

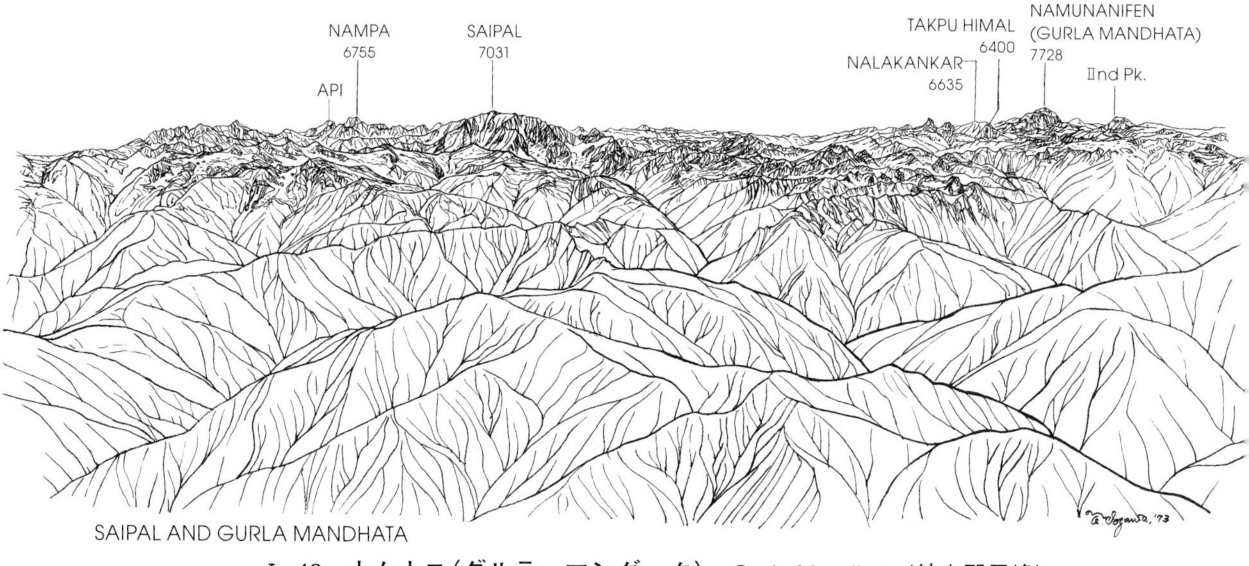

I−42　ナムナニ（グルラ・マンダータ）　Gurla Mandhata（纳木那尼峰）　30×12.5cm

（「岳人」1973年５月号・中日新聞東京本社）

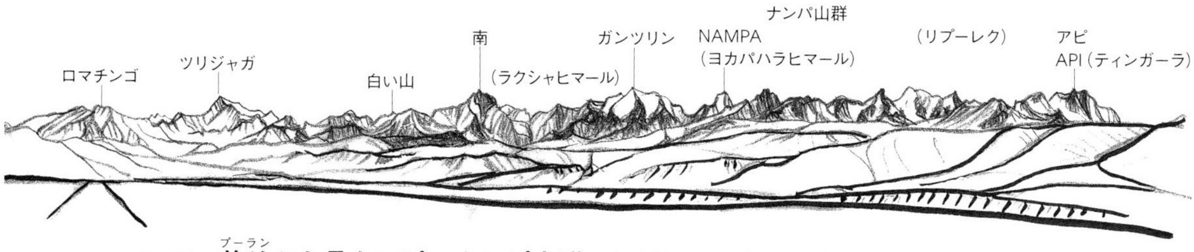

I−43　普兰《プーラン》から見たアピ・ナンパ山群　Api-Nampa Group, from Burang (Tibet)　60×12cm ↗

（フィールドノートのスケッチ・未発表・1983年８月５日描く）

Ⅰ-44　**Ｋ２《ケイトゥー》北面**　North side of K2　18×24cm　(『コンサイス外国山名辞典』三省堂1984年刊)

Ｋ２は、カラコルム山脈の測量対象の山第２号の意だが、山名として使われている。北側の地元中国側では喬矛《チョゴ》里峰《リフェン》が公式名。中国とパキスタンの国境にそびえる世界第２位の高峰で、8611m。1902年の英国隊を初めとして、各国から登山隊がいくつも出たが、1954年、アフルッツィ稜から南東稜にとりついたイタリア隊が５月30日、初登頂に成功した。

I-45　冈仁波斉峰《カンリンポチェフェン》(カイラス山)案内図(部分)　Kailas　20×24cm　(「山と渓谷」1984年・山と渓谷社)

日本ヒマラヤ協会隊のメンバーとして、五百澤は、北京大学在学中の長女杉子と共に、1984年7月19日から22日までの4日間、大金《ダルチェン》を起点として西から北、東と時計回りにカイラス山(カンリンポチェフェン)を1周した。

五体投地礼で尺取虫のように進む、ヒンドゥ教徒、ラマ教徒、反時計回りのポム教徒にまじって、亡くなった、父・母・妻の戒名を唱えながら、要所で五体投地をやって拝んだ。

(3) ヒマラヤの地図

インドの首都、ニューデリーの中心から南に延びる主要道路のジャンパスを南に歩くと、左手に政府の観光案内所がある。その向かい側、西側のにぎやかなお土産屋さんの裏に、コテージ・インダストリーのビルを見つけて中に入り、左手の奥、二階にあるインド測量局の直売店を探そう。ここで一〇〇万分一国際図、約二五万分一の地勢図、都市案内図など、印刷して在庫の残っている地図は、何でも買えるが、大縮尺図は国外持ち出し禁止と言っている。

インドも中国もネパールも空中写真測量による大縮尺図を作っているが、一般市民の利用は限られているようだ。その他の入手できるヒマラヤの良い地図は、ドイツ、ティッセン財団発行の、クーンブ、ショロンなど五万分一図が十面ほどある。英国王室地理学会刊の「エヴェレスト山周辺図」は一〇万分一で歴史的な図である。中国製の小縮尺の青蔵高原地図は多色刷で楽しい良い図である。U・S・A・FのナビゲーションチャートONCのH9号もヒマラヤ全域が入り、一〇〇万分一ながら、全体を知るのに良い図である。ここでは私の作ったヒマルチュリの図(I-46)などを見てもらおう。

HIMAL CHULI

GREAT HIMALAYA RANGE
KUTĀNG AND GURKHA, NEPĀL

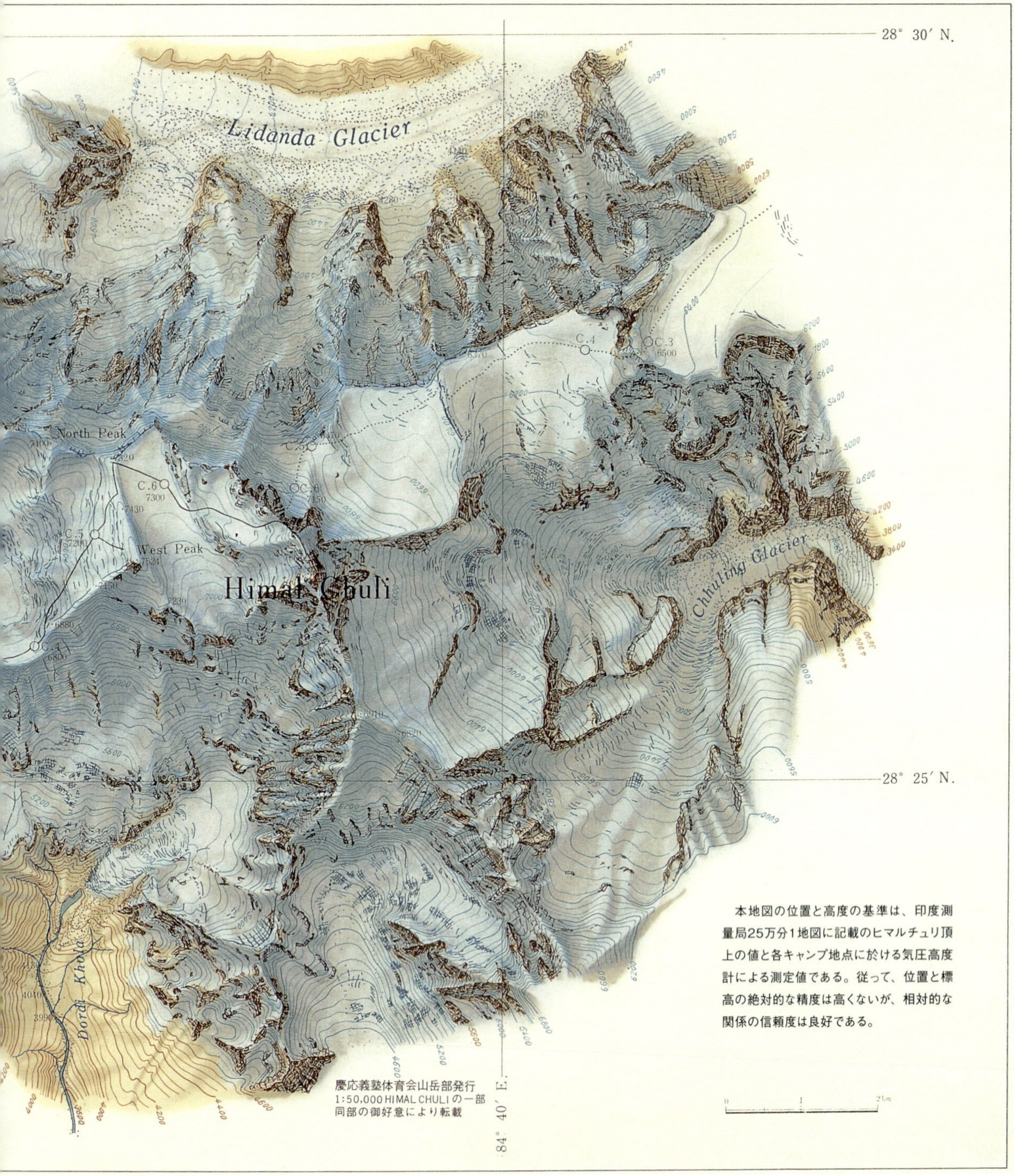
28° 30′ N.
28° 25′ N.
84° 40′ E.
Lidanda Glacier
Chhuling Glacier
Himal Chuli
North Peak
West Peak
C.3
C.4
C.5
C.6
6500
7300
7430
7400
Dordi Khola
本地図の位置と高度の基準は、印度測量局25万分1地図に記載のヒマルチュリ頂上の値と各キャンプ地点に於ける気圧高度計による測定値である。従って、位置と標高の絶対的な精度は高くないが、相対的な関係の信頼度は良好である。
慶応義塾体育会山岳部発行
1:50,000 HIMAL CHULI の一部
同部の御好意により転載

NOV. 1964 KEIO UNIVERSITY. ALPINE CLUB, JAPAN
調査、資料 大森 弘一郎 原紙 本州製紙K.K.
製 作 五百沢 智也 印刷 昇寿チャート印刷K.K.
羽田野 誠一 発行 慶応義塾体育会山岳部©

岩壁	Rock wall
岩屑地	Rocks and Gravels
堆石堤	Morainic deposits
氷稜・クレバス	Ice Ridge and Crevaisse
水流・河川	River and Stream

I-46 ヒマルチュリ Topographical map

"Himal Chuli" 41×33.5cm (『登高行』XVI 1964年慶応義塾体育会山岳部刊・添付付図)

1960年5月24日、13時10分、慶應義塾体育会山岳部パーティーはヒマルチュリ7864mの登頂に成功した。

その報告書に、登った山の地形図を添付しようと、一切の資料をもった隊員の大森弘一郎氏が国土地理院にやってきた。上司より、五百澤が中心になってまとめるように言われて、ウィルドＡ８で写真図化をやっていた羽田野誠一氏と二人で、大森氏らがインド測量局の調査隊の空中写真から鉛筆模写をしたマイラーベースの模写図を中心にして作業し、５万分１地形図を作成した。

多色刷りの作成には、五百澤がドイツのインホフ博士の「ゲレンデ・ウント・カルテ」を参考にして練習していた水彩シェーディングの重ね塗りや、フランスとスイスの地形図をベースにした岩壁表現の研究が生きた。

（参考文献：「地形図ヒマルチュリについて」、五百澤智也、1965、「地図」Vol.3 No.2, pp.1－6、日本国際地図学会）

この掲載図は原図を縮小したものである。したがって縮尺は５万分の１になっていない。

TOPOGRAPHICAL MAP 1:50,000
Musi Khola
B.C.
4200
84° 35' E.
1.地色
2.シエード
3.シエード
4.コンター
5.コンター
6.クレバス・川
7.岩
8.注記
C.3
6500
凡 例
LEGEND
日本山岳会登山隊ルート(1959)
Route by J.H.E.
慶応隊ルート(1960)
Route by K.U.H.E.
キャンプ地点
Camp site
等高線
Contour lines on land, ice and snow
標高点
Spot elevation

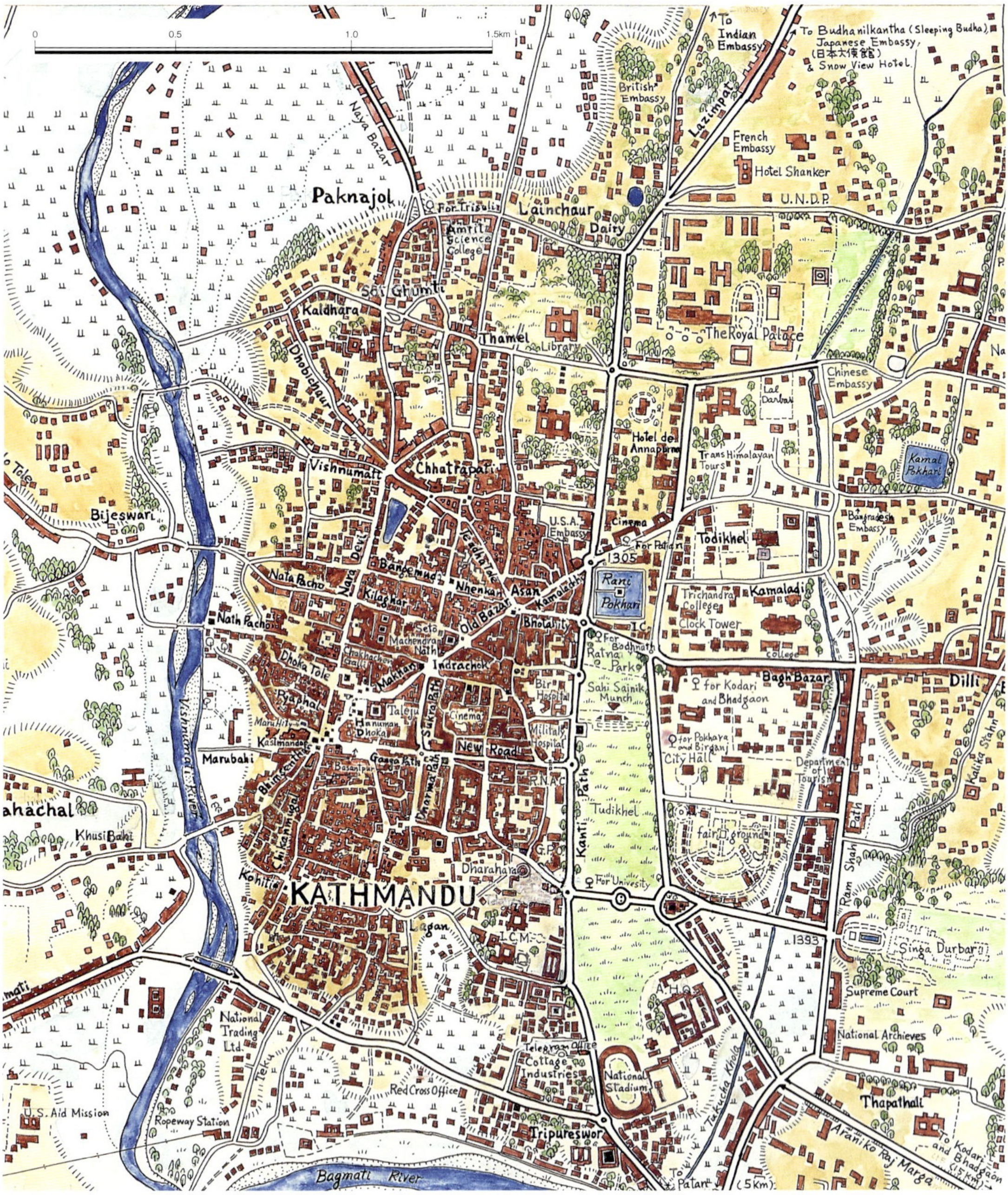

I-47　**カトゥマンドゥ市街図（部分）**　Kathmandu　47×30cm
（『ヒマラヤトレッキング』山と溪谷社1976年刊）

『ヒマラヤトレッキング』のために作った図。1973年、まだカトゥマンドゥ郊外を環状にとりまく立派なリングロードがなかったころの市街の様子を、道路網と建物密集部を色彩で、中世風の景観がなんとなく分かるように工夫した案内地図である。五階建てに縦割り煉瓦高層長屋が連続する市街、コートヤード式中庭のある集合住宅や寺院建築、パゴダやストゥーパの立ち並ぶ都市景観が、平面図でもなんとなく雰囲気がつかめるようにと考えたものだ。各種の市街図、空中写真、現地調査のデータとつかみとった雰囲気がベースになっている。

Ⅱ　アルプスの山と氷河

1995年夏、五百澤は、妻と清水長正君との３人で、アルプスの山と氷河をめぐる旅をおこなった。列車の旅、自動車の旅、チャーター・フライト、歩く旅をとりまぜての３週間、天候にめぐまれて良い旅であった。毎日描きつづけて、スケッチブックのページが終わったところで日本に帰って来た。

Ⅱ-0　マッターホルン　Matterhorn　35×26cm　（未発表・1995年６月29日描く）

ツェルマット駅から電話で予約、古めかしいゴルナーグラート・クルム・ホテルに泊まった。朝の兆しに眼を覚ますと、窓一杯にマッターホルンがバラ色に染まっていた。

Ⅱ-1　**ベルニナ北東面**　Piz Bernina from Diavolezza　35×27cm

（未発表・1995年6月26日描く）

チューリヒから雨空のライン川沿いに電車で走り、サメダンで乗り換え、ベルニナ峠をこえてポスキャーボに泊まった。翌朝、青空となり、アルプグリュム駅から歩いて氷蝕の丘を越え、ロープウエーでディアボレッツァの山上ホテルに泊まった。ここはピッツパリューのフィルンのそば、ベルニナ山地の最高峰、ピッツベルニナ(4049m)もすぐそこに見えた。

Ⅱ-2　**ベルニナ北西面**　Piz Bernina from Corvatsch

35×27 cm　（未発表・1995年6月26日描く）

サンモリッツからバスでスーレイに行き、ロープウエーでコルヴァッチに登った。雪尾根を登ったところで、ピッツベルニナの北西面を描く。ゆっくりしすぎて、夕刻に従業員の引き揚げるロープウエーで降りるはめになった。

Ⅱ-3 **アレッチ氷河上流部** Grosser Aletschgletscher from Eggishorn

35×27cm (未発表・1995年6月28日描く)

アルプス最大の氷河を見ようと、フィーシュからロープウエーを乗り継いで、エッギスホルンの三角点の傍らに立つと、源流のユングフラウ、メンヒからここまでのアレッチ氷河上流半分と氷舌端までが首を回しての一望におさまった。

売り物のオーギヴは新雪が残っていて見えなかったが、氷河すれすれに眼下を飛ぶスイス航空隊の戦闘機が、見事な編隊曲芸飛行を見せてくれた。

スイスの氷河研究の出発点の一つ、ウンターアール氷河を見ようと、グリムゼル峠に車を置いて、除雪作業中の道路を上流に歩いた。この年は残雪が多く、除雪車のいるところでストップ。グリムゼル人工湖の上流とその上に見えるウンターアール氷河の眺めを描いた。

Ⅱ-4 **ウンターアール氷河とグリムゼル湖**

Unteraargletscher, Grimselsee 35×27cm (未発表・1995年7月4日描く)

Ⅱ-5　トゥーン湖　Thuner See　35×26.5cm　（未発表・1995年7月2日描く）

雷鳴とどろく中を登山電車で登り、古典的な山の宿、ホテル・シーニゲプラッテに泊まる。

翌朝、空は晴れ、アイガー、メンヒ、ユングフラウの三山ばかりか、東のシュレックホルンやフィンシュター・アールホルンから、西のトゥーン湖まで見渡せた。トゥーン湖の左には三角錐のような名山ニーセンが立っていた。

カンダーシュテークからロープウエーで500mばかり登り、終点のレーガーから草原を東へ1km半歩いてエッシネンゼー湖畔に出た。急な岩壁にかこまれた湖で、上にブリュムリスアルプ(左)、フレェンデンホルンの雪の二峰が見えている。右端はドルデンホルンの半分である。

Ⅱ-6　エッシネン湖　Oeschinensee in Berner Oberland
35×26.5cm　（未発表・1995年7月1日描く）

Ⅱ-7　モンテローザのドゥフォールシュピッツェ
Dufourspitze of Monte Rosa　35×26.5cm　（未発表・1995年６月29日描く）

ゴルナーグラートの一つ下の駅「ローテンボーデン」からゴルナー氷河の右岸に沿って上流に向かって歩く。氷河のクレヴァスの状態が悪く、モンテローザ接近はやめにした。

Ⅱ-8　ツェルマット・シュタッフェルのマッターホルン
Zermatt Stafel　35×27cm　（未発表・1995年６月30日描く）

フーリ（2431m）からシュタッフェルアルプを西に歩き、谷を渡ってツムットの上方からツェルマットまで、マッターホルンの北面を眺めて歩いた。ツムット集落の上の道ばたにあった十字架と木像がすてきだった。

Ⅱ-9　ミアージュ氷河遠景　Ghiacciaio del Miage　35×27.5cm
（「地理」1998年４月号・古今書院・1995年７月６日描く）

1995年７月５日、シャモニーからモンブラン・トンネルをくぐって、イタリア側のクールマイヨールで泊まった。６日、ロープウエーで西の丘に登り、標高2000mのマーモットの遊ぶ斜面からモンブランの南の谷にかかるミアージュ氷河を描いた。

７月７日、こんどはミアージュ氷河が流れこむヴェニの谷をさかのぼり、屈曲点の外側にあるラーゴ・デル・ミアージュ（湖）から氷河に登った。表面の岩屑（デブリ）の下から青白い氷体が見えている。

のちに、ここで氷河崩落による事故が起こった。

Ⅱ-10　ミアージュ氷河（Ｄ型氷河）近景　Ghiacciaio del Miage
35×27cm　（未発表・1995年７月７日描く）

Ⅲ　日本の山々

日本の山の研究をするのなら、まず日本各地に足を運んで、どこにどんな山があって、何がテーマになるか、自分の眼で見ないことには、何も始まらない。そう思って、1954年の春からは五百澤は積極的に歩き出し、この年１年でまず、九州南端の開聞岳から始めて北海道の利尻山まで、主な山を巡り、以後も折にふれて各地の山々を歩いた。

春夏秋冬、いろいろな季節の各地の山々のスケッチをここに示す。

Ⅲ-0　槍ヶ岳　Yari-ga-take　22×15.5cm

（『山を歩き山を画く』講談社1986年刊・1951年８月、高校３年の夏休み、烏帽子～槍～穂高縦走時、夕映えの槍ヶ岳を肩ノ小屋〔槍ヶ岳山荘〕より描く）

(1) 北海道から九州まで

一九四七年（昭和二二）、日本の教育制度が六・三・三制に変わり、旧制中学に入学していた五百澤は、はからずも、新制高校卒業までの中高一貫教育、さらに週休二日制、男女共学、サマータイム制と新しい体制をいろいろと体験した。その間、山形県内の山々を単独で一泊二日で歩く体験を重ね、自発的な奥日光の山めぐり、北アルプス・烏帽子〜槍・穂高縦走などの遠征山行も、米の統制、国鉄の乗車券販売制限などの劣悪環境下で実行を重ねた。

地理を勉強するには、まず各地の実況を見聞して観察記録しなくてはならない。日本の山を研究するには、まず日本各地の山々を知らなくてはと、一念発起して、一九五四年は、開聞岳《かいもんだけ》に始まり、利尻山《りしりざん》まで日本を股にかけた山歩きを実施した。

これまでに、画帳、スケッチブック合わせて三六冊、フィールド・ノートがヒマラヤ三二冊、国内三〇冊とあり、水彩スケッチやフィールド・ノートのラフスケッチがたくさん記録されている。その中から一部をここに載せた。

トムラウシ山頂上よりヌタクカムウシュペ
連峯を望む 1954. 8. 17

Ⅲ-2　大雪山《たいせつざん》　Taisetsu volcano　26×18.5cm

（未発表・1954年８月17日トムラウシ山頂より描く）

1954年８月、利尻から戻って上川から大函《おおばこ》まで工事用のトラックに乗せてもらい石狩川源流へ。そこから忠別岳《ちゅうべつだけ》に登り、濃霧の中、前年の国体用に作られた忠別石室をようやく見つけて入った。しかし、ここで連日の風雨にとじこめられ、４日目にやっと晴れたトムラウシの山頂に立つことができた。前が五色ヶ原、右手に忠別岳、遠景左端が旭岳、中央右手の大きく見えるのが白雲岳《はくうんだけ》だ。この絵を描き終わってから９時間歩き、夜半になって白雲岳の石室にたどりつくことができた。

Ⅲ-1　利尻山　Rishiri volcano　35×24cm →

（未発表・1992年９月14日礼文岳山頂で描く）

1954年8月、日高山脈からオホーツク海岸沿いに北上して、稚内から利尻島に渡り、鴛泊《おしどまり》の利尻神社の田中さん宅に泊めてもらって、利尻山に登頂した。頂上で長い時間あちこち歩き回って、広島大学の桜井さんとも会った。その時の５枚のスケッチとは別の、このスケッチは1992年、「環境を読む」の全日本回遊調査の折に礼文岳山頂から描いたものだ。この日は樺太（サハリン）の島かげも五つの山に分かれて見えていた。

一九五四年春、北海道の山を歩くにあたって、あまり頼りにならない五万分一地形図を空中写真の判読で鉛筆修正する仕事を、稲毛《いなげ》の地理調査所の独身寮に泊めていただき、数日続けておこなった。それから日高、利尻、大雪・トムラウシと続けざまに歩いたのだが、北海道で岩場のすごい山は、その判読時に、利尻山の大空沢《おおからさわ》頭部西大壁、芦別岳《あしべつだけ》地獄谷側、ニペソツ山東壁、武利《むりい》岳《だけ》、武華山《むかやま》の東面などであるのが分かった。

しかし、北海道の冬山を目指すためには、それなりの日数が必要で、パートナーも要る。一九五八年、四月から建設技官として正式に地理調査所職員になることが決まった三月、休みをとって、独標登高会の先輩である石田亘氏らと、念願のニペソツ山に登ることができた。

早朝出発した北海道大学山岳部ＯＢの皆さんを追って、岩間温泉の御殿と呼ばれる飯場から、天狗山までスキーでアプローチ、そのデポからピッケル、アイゼンで北稜をたどり、快晴の山頂に立つことができた。すばらしい山だった。

その後、新しい写真測量の地形図が出て、こんどはニペソツ東面の谷にも氷河堆積物の地形があるらしいことが分かった。また行かなくてはなるまい。そう思っている。

T.500 '58-3-22 , 15:40 天狗山から ニペソツ山

Ⅲ-4　ニペソツからウペペサンケ山　Upepesanke-yama
26×18cm　（未発表・1958年3月22日描く）

ニペソツ山の氷雪の山頂から、北の石狩岳、ユニ石狩岳、西のトムラウシ山、南のウペペサンケ山、東のクマネシリ岳が快晴無風の空の下、空気が澄んでよく見えた。前日までの風雪の毎日が嘘のようであった。

Ⅲ-3　天狗山からのニペソツ山　→
Nipesotsu-yama　26×18cm
（『山を歩き山を描く』講談社1986年刊・1958年3月22日描く）

登頂を終えて、ニペソツ山から天狗山のスキーデポへ戻ると、山は西に傾きかけた光で東面が青くかげり、陽のあたる雪面がまばゆく輝いていた。寒い外気のもとでは太いマジックインクで一気に描くのがいい。

Ⅲ-5　**積丹神威岬《しゃこたんかむい》**　Kamui-misaki in Shakotan Peninsula　23.5×15.5cm

（未発表・1986年10月16日描く）

1986年、小樽駅からバスで積丹半島へ行った。忍路《おしょろ》、余市《よいち》、古平《ふるびら》、美国《びくに》、群来《くき》（ヘロカルシ鰊をいつも取る所から来た地名）を経て、積丹半島の西の岬である積丹岬（もとはシャクコタン=夏の漁場からきた）、東の岬である神威岬（人形《ひとがた》の岩場がカムイとあがめられていた）まで行った。

この後、トンネルの落盤による事故がこのコースの古平付近で起こった。

1985年秋、札幌から山形へ帰る道すがら、函館に寄り、夜の松前城を眺めに往復しようと、まもなく廃止になる国鉄松前線に乗った。そのあと深夜発の連絡船に乗って帰った。絵は、往路、久根別《くねべつ》から北望した駒ヶ岳の明るい眺めである。

Ⅲ-6　**駒ヶ岳**　Koma-ga-take volcano in Hokkaido　22×15.5cm

（未発表・1985年10月20日久根別で描く）

Ⅲ−7　**お岩木山**　O-iwaki-yama　33.5×23.5cm

（未発表・1977年８月７日、津軽・川倉地蔵口寄せ大会の日、賽の河原で描く）

1977年、宮本常一先生のもとで日本各地の話題を皆で分担して歩き、本を1冊ずつ発表しようということになり、五百澤は津軽の砂丘と湿原を中心に氷期、縄文の様子をさぐり、祭りとイタコの世界にも入りこんでみようと思った。

８月、川倉地蔵の口寄せ大会の会場から仰ぐ端正な「おいわきやま」を描いた。あたりには線香の匂いがただよい、オシロイで顔を真っ白にして口に紅をひいたお地蔵様の前で赤白のセルロイドの風車《かざぐるま》がいきおいよく回っている。まさに津軽だ。

日本ヒマラヤ協会は、かつて、毎年日本各地の会場を回って、ヒマラヤ登山の情報を地方の登山者に伝え、彼等のヒマラヤ山行をサポートする活動を実施していた。

1975年は八戸《はちのへ》を会場にした会議のあと、皆で八甲田山をめぐる山旅をおこなった。画家の山里寿男さんも一緒に歩き、本職の絵描きの仕事を横目で眺めながら、この絵を描いた。

Ⅲ-8　八甲田《はっこうだ》睡蓮沼　Suiren-numa in Hakkoda volcano

63×40.5cm　（未発表・1975年6月9日描く・日本ヒマラヤ協会、懇親山行）

Ⅲ-9　**十和田湖**　Towada-ko　18.5×26cm　（未発表・1954年7月8日描く）
（東京教育大学地理科、自然地理巡検、三野与吉先生指導）

1954年夏、大倉（太田）陽子先輩について津軽大戸瀬の海岸段丘を歩き、羽田野誠一君と七里長浜を走り、小川原沼《おがらぬま》（今は湖）をめぐって三本木で三野与吉先生の十和田湖巡検に合流した。そこから皆で奥入瀬《おいらせ》川をさかのぼって十和田湖に出た。絵は中山半島と湖面である。

智也、協子、日丸の３人で黒四ダムから黒部川沿いに歩き、混んだ阿曽原小屋は刺身になっての雑魚寝。翌日、仙人池まで急登して泊まった。すこし先の池ノ平の小屋の主人は、1957年夏に修正測量の作業で泊まった五百澤のことを思い出してくれた。珍しい名前も効用がある。翌朝、仙人池の周りはカメラがびっしり並んだが、陽光の当たったチンネ、八ツ峰の朝焼けは５分で終わった。

Ⅲ-10　仙人池と八ツ峰・チンネ　Sennin-ike and Yatsumine, Chinne
26×18.5cm　（未発表・1987年10月４日描く）

横尾岩小屋の岩は、南岳から天狗原に延びる尾根から氷河に運ばれてきた凝灰角礫岩のモレーンであった。これは、まだそれとは知らずに泊まっていたころのスケッチである。世に出たばかりのマジックインクで素早い一発勝負のスケッチをめざした。記念すべきこの岩小屋も1989年に崩れてしまった。

Ⅲ-11　横尾岩小屋からの南岳　The sight from Yoko-o moraine　26×18cm　（『山を歩き山を画く』講談社1986年刊・1955年６月描く）

５月30日の誕生日を一人で祝う山旅を、大学時代は毎年おこなった。1955年は島々から徳本峠越えで徳沢に入り、横尾岩小屋をベースに、穂高連峰、槍ヶ岳をかけめぐった。涸沢池ノ平では朋文堂ヒュッテが建設中だったので、モレーンの断面が見られると期待して入ったのだが、すでに掘った断面はコンクリートで固められていて駄目だった。どなたかの観察記録があるだろうか。

Ⅲ-12　涸沢《からさわ》池ノ平から北穂　Kitahotaka-dake
26×18.5cm　（未発表・1955年６月描く）

Ⅲ-13　**横尾本谷からの屛風岩**　Byobu-iwa　26×18.5cm　（未発表・1955年6月描く）

涸沢の谷に入らず横尾本谷をそのままつめていき、高度をかせいで振り返ると屛風岩がヌックと背を伸ばして青空に突きささるようにそびえていた。

Ⅲ-14　**残雪の南岳カール**　Minami-dake cirque　26×18.5cm　（未発表・1955年6月描く）

槍ヶ岳から穂高へ延びる稜線が大切戸に落ち込む前にすこし延びあがって長い頭をもたげるのが南岳。南東側に見事な圏谷壁にかこまれた彫りの深いカールがあり、中央三方に残雪末端にモレーンのような地形を残すプロテーラスランパートが見られる。

Ⅲ-15　伯耆大山《ほうきだいせん》(西の桝水原《ますみずはら》から)
Hōki-daisen volcano　37×26cm
(未発表・1961年6月描く・国土地理院特定地形図予備調査)

1961年、西南日本を歩いた。秋吉台《あきよしだい》のカルストを歩き、三瓶山《さんべさん》の火口跡にカシワの純林があるのを眺め、伯耆大山に大山寺《だいせんじ》からブナ林を登って、崩れやすい頂稜をたどって最高地点を探し、西の桝水原に下った。そのあと鳥取砂丘から多鯰《たね》ヶ池《いけ》をめぐり、福知山の町歩きのあと、京都へ抜けた。

Ⅲ-16　丸亀城本丸からの讃岐富士《さぬき》
Sanuki-fuji from Marugame Castle
33×24cm　(未発表・1990年1月22日描く)

愛媛大学の集中講義の往復を利用して、その経路を変え、西南日本を回った。『環境を読む』(岩波書店)の水の調査もその一環であった。讃岐富士の本名は飯野山《いいのやま》、422mの基部花崗岩、頂部は輝石安山岩の山である。

Ⅲ-17　松山・牛淵《うしぶち》からの石鎚山《いしづちやま》

Ishizuchi-yama from Matsuyama
33×24cm
（未発表・1990年１月17日描く）

松山市は重信川《しげのぶがわ》の扇状地にある。あちらこちらに湧泉があって、読図学習の際に湧水量や水温、水質の調査も実施した。泉の一つ、牛淵からはるかに見あげた冬の石鎚山である。

Ⅲ-18　阿蘇火口　Crater of Aso volcano　26×18.5cm　（未発表・1954年３月26日描く）

1954年は広く日本各地を見て回るのが地理学科の学生の本道と覚悟を決めて歩き出した年である。最初に登ったのが開聞岳《かいもんだけ》で、ここから北上を始め、次に霧島火山列の縦走、さらに阿蘇山横断と続けた。阿蘇中岳で火口をのぞき、草千里から坊中駅まで走って下った。

Ⅲ-19　**高千穂河原**　Takachiho-gawara in Kirishima volcano　26×18.5cm

（未発表・1954年3月24日描く）

国分《こくぶ》からバスで高千穂河原まで行き、高千穂岳に登って避難小屋に泊まり、縦走を開始した。新燃岳《しんもえだけ》、韓国岳《からくにだけ》、大浪《おおなみ》池からえびの高原に下り、バスで飯野に出た。汽車で都城、吉松、八代、熊本、坊中と回って阿蘇に登った。山川から北山形までの切符が残っている。

Ⅲ-20　**桜島**　Sakurajima volcano　26×18.5cm　（未発表・1954年3月23日描く）

3月23日の朝、鹿児島駅から鹿児島港を歩き、城山に登って、南国の活火山を描いた。そして九州へ来たのを実感した。

開聞岳より池田湖
3月23日 '54年
智

Ⅲ-21　池田湖（開聞岳山頂から）　Ikeda-ko cardela

26×18.5cm　（『山を歩き山を画く』講談社1986年刊・1954年３月23日描く）

山川から川尻までバス、そこから歩いて螺旋状に山体に刻みつけられた登山道の黒いスコリアのザクザクした道を登った。７合目あたりから溶岩の岩塊地帯の道となり、山頂部を一周する感じで回りこんで山頂に立った。南にひろがる太平洋の水の量の圧倒的な迫力に押されながら、硫黄島のこの世ならぬ色彩と屋久島の海上アルプスに見とれた。

日が沈みかけると北麓の十足《とおたり》の集落の右上、水田の平面に二つのまん丸のマール地形が影を作って現れた。微細な高低差の地形、遺跡などはこうした光線で見なければならないのだと、目からウロコが落ちた。池田湖の上、錦江湾には桜島が浮かんでいる。

(2) ふるさと山形の自然

一九七九年、五百澤は、実家のある山形市に戻って、一九九〇年まで家族と共に暮らした。一九三三年に生まれ、東京の大学に入学する一九五二年までの一九年と合わせて三〇年を山形で過ごしたことになる。一九七九年、実家のすぐそばにある「河北新報」の山形支社の依頼で、スケッチ入りの随想を一〇回発表し、一九八八年一月からは「山形新聞」の夕刊に「ふるさとの自然」と題するスケッチ入りの随想を七週目の木曜日ごとに連載した。それが、二〇〇三年三月まで一〇五回になっている。はじめは墨一色のスケッチだけであったが、新聞のカラー印刷が一般的になってからは、カラースケッチも載せてもらった。ここに数点を紹介する。

東根の大森山は乱川扇状地の上に突出する古い海底火山の名残。村山平野（山形盆地）の中央部にあるため、県内の全部の高山を全方位に眺めることのできる貴重な山だ。

雪の大森山に登って冬の月山と葉山の眺めをスケッチした。この東から眺めた月山はいかにも月の山であった。それを最初に文にしたのは田山花袋《かたい》である。『山水紀行』の中で秋田から金山町へ歩いたときに、北からその姿を遠望してそう思ったと書いているのである。森敦も『月山』の中で似たようなことを書いている。

しかし、西側の庄内平野からの月山には、「犁牛山《くろうしやま》」の別名がある。山体の西側には、クレーターの急斜面があり、しかも風上側（風向斜面）なので、雪は少なく、やや男性的な山容を見せているのである。

Ⅲ-02　**月山《がっさん》と葉山《はやま》**　Gassan volcano and Hayama volcano　26×18cm
（「山形新聞」1991年1月24日夕刊・1987年2月8日東根の大森山頂で描く）

1987年の９月６日と７日、林道ドライブの好きな秋山照子さんの車で妻の協子と３人で宮城・山形・秋田と三県の秘湯と隠れ林道をめぐって走った。「山形新聞」に載った鳥海山の仁賀保《にかほ》高原大谷地沼からのスケッチはその時のものだが、右の絵は2005年５月、旧制中学～新制高校の６年間山岳部仲間だった菊地(旧姓三澤)、多田の両君と一緒に新たに仁賀保高原の風力発電所の下で描いたものだ。

Ⅲ-22　**鳥海山《ちょうかいさん》北面**　Chokai volcano　33×24cm
(未発表・2005年５月17日描く)

龍馬山は山形県の北東部、金山町《かねやままち》の有屋《ありや》にある古い時代の海底火山の溶岩の柱状節理を立ててそびえる小さいが魅力的な山だ。

1989年にスケッチしたときは麓に案内板があったのに、2005年のこの時には無かった。元は妙寿ヶ岳という名だったが、山腹にたびたび龍馬が現れたのでこの名になったという。カモシカが岩壁で遊んだのであろう。

Ⅲ-23　**龍馬山《りゅうまさん》**　Ryuma-san　33×23.5cm　(未発表・2005年５月18日描く)

Ⅲ-24　**祝瓶山《いわいがめやま》**　Iwaigame-yama in the Asahi Mountains
24×17.5cm
(「山形新聞」2000年９月７日夕刊・2000年８月26日描く)

大朝日岳《おおあさひだけ》のてっぺんから南を見ると、低い所にあって、鋭く尖ったピークを天に向けているこの山に気が付く。きわめて魅力的な山容である。2000年８月の末、野川沿いの林道をさかのぼり木地山ダムの上から頂上を目指した。その途中からのスケッチである。

Ⅲ-25　**朝日連峰**　The Asahi Mountains　26×17cm

（『山形新聞』1992年12月24日夕刊・1987年10月29日天元台で早朝スケッチ）

山形県の頼みで、1987年９月、長男の日丸と２人で朝日連峰を縦走して、稜線部の周氷河地形の調査をした。その後、10月、妻の協子と２人、東吾妻《あづま》から西吾妻へ縦走してその稜線部を調査した。終了後、天元台のホテルで快晴の朝を迎え、蔵王《ざおう》連峰、朝日連峰、飯豊連峰とたくさんスケッチすることができた。

Ⅲ-26　**飯豊《いいで》連峰**　The Iide Mountains　26×15.5cm

（未発表・1987年10月29日天元台で早朝スケッチ）

1974年、ふるさと山形の実家へ戻った。この夏、長女、次女、長男の３人と一緒に月山の調査研究を実施、翌75年に朝日ソノラマ社から『山の自由研究』を出版した。その時の姥ヶ岳山頂草原から南に遠望した朝日連峰ふもとの大井沢の直線状の谷である。月山の北には立谷沢川の直線状の谷があり、結ぶと月山・鳥海山がその線の上にくる。

Ⅲ-27　**月山姥ヶ岳《がっさんうばだけ》から大井沢を望む**
The view of Ooi-sawa from Gassan volcano　25×15cm

（「山形新聞」2002年７月11日夕刊・1974年の写真から2002年描く）

絵の左下の橋を渡った左、河岸の茶色の岩は対面石と言って、慈覚大師（円仁）と山の支配者盤司盤三郎が向かい合って座し、寺の建立の交渉をした所と言い伝えられている。寺に登る人は、橋を渡ったら突き当たりを右手へ進んで、絵の右手にある大屋根の根本中堂へ石段を登ってお参りし、左手へ歩いて日枝神社、宝物館を過ぎ、山門で入山料を支払ってくぐり、木立の下に連続する石段を一〇一三段登って奥の院まで行く。途中、せみ塚、山姥像（脱衣婆）などがあり、凝灰岩の岩壁にきざんだ卒塔婆が並ぶ。休み場に露店があり、玉蒟蒻《こんにゃく》が食べられる。

山寺こと宝珠山立石寺《りゅうしゃくじ》のくわしい立体的案内図を作るための材料にしようと、立谷川をはさんで対岸山腹斜面に突き出した馬口《ばくち》岩に登って、秋色に染まった寺全体の眺めを描いた。

絵の左手にある杉の木の間に突き出す大岩は香厳岩。谷の奥に見える奥の院の下右側に重なるように並ぶのが金乗院、中性院などの各坊。その下の杉木立の中に仁王門がある。左手の岩上の回廊付きの堂宇が開山堂、その左上の三角屋根が五大堂で眺望に良い。右上の岩上の堂が釈迦堂で、山寺最高の眺めがここにある。絵の左下の大屋根が寺の本坊。下山の時は山門から右折、左隅の石段を下りて町へ出る。

Ⅲ-28　宝珠山立石寺　Ryushaku-ji　48×33cm　(「山形新聞」1992年11月12日夕刊)

Ⅲ-29　柴田の羽山《はやま》と蔵王山《ざおうさん》　Hayama in Shibata and Zao volcano　32×19.5cm（未発表・1996年4月29日描く）

弟の仁也が宮城県柴田町に居を構え、焼き物の窯を開いたので、何度か訪問した時のスケッチである。水田で田起こしが始まり、白い蔵王がはるかにたたずむ春の眺めである。羽山も葉山も麓山も皆同じ「はやま」、山の神が田の神となる、その出入口の「はやま」である。

1978年、「岳人」誌の「山学山歩」シリーズに載せた蔵王の絵を、2002年刊の古今書院の『百名山の自然学東日本編』のカバー表紙用に彩色したもの。刈田岳から南東にすばらしい滑降一本で、ここに出る。大きい雪の結晶があたり一面に光り輝いてまばゆい。

Ⅲ-30　刈田岳《かっただけ》東南面パラダイスの冬
Katta-dake in Zao volcano　24×15cm　（『百名山の自然学』古今書院2002年刊・1958年1月の写真から描き、「岳人」に白黒淡彩でも発表）

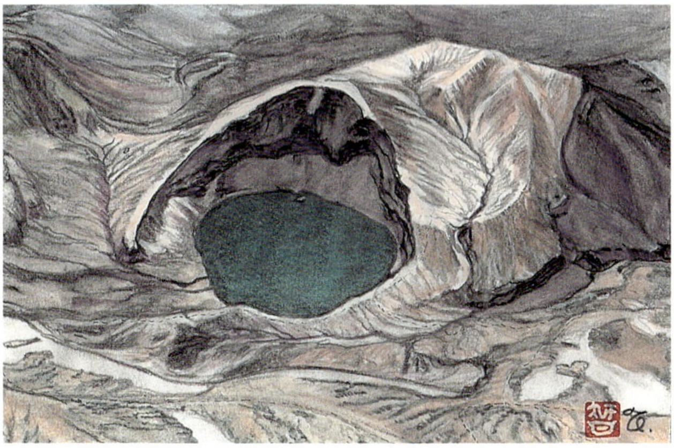

平安時代からの活動の記録がある蔵王火山中央火口湖がお釜である。1895年（明治28）2月の噴火が「地質要報」第1号に記載されており、1918年（大正7）のガス噴出は大森房吉博士によって報告された。1908年の測深で50mだった水深が、1927年に61mとなり、以来浅くなりつづけて、1982年、菊地俊彦氏の測深では25mであった。

Ⅲ-31　蔵王のお釜　Crater lake “Okama” in Zao volcano
18.5×12cm　（「山形新聞」2001年7月26日夕刊）

Ⅲ-32　**曇る鶴間ヶ池**　Tsurumaga-ike　27×21.5cm　（「山形新聞」1998年５月21日夕刊・1998年５月４日描く）

鳥海山の南斜面、中腹に縦長、２段のクレーターがある。その上の段の底にできた湖水である。車道から細径を130m下ると、ブナ林にかこまれた湖岸に着く。標高810m。

Ⅲ-33　**馬の背曙光**　Umanose　27×11cm　（「山形新聞」1998年１月22日夕刊）

1959年の冬、蔵王の山越えツアーコース調査で、刈田岳避難小屋に一人で３泊した。最後の朝、吹雪がやんだ稜線に出て、太平洋から昇る朝日を待った。光の当たる一瞬である。

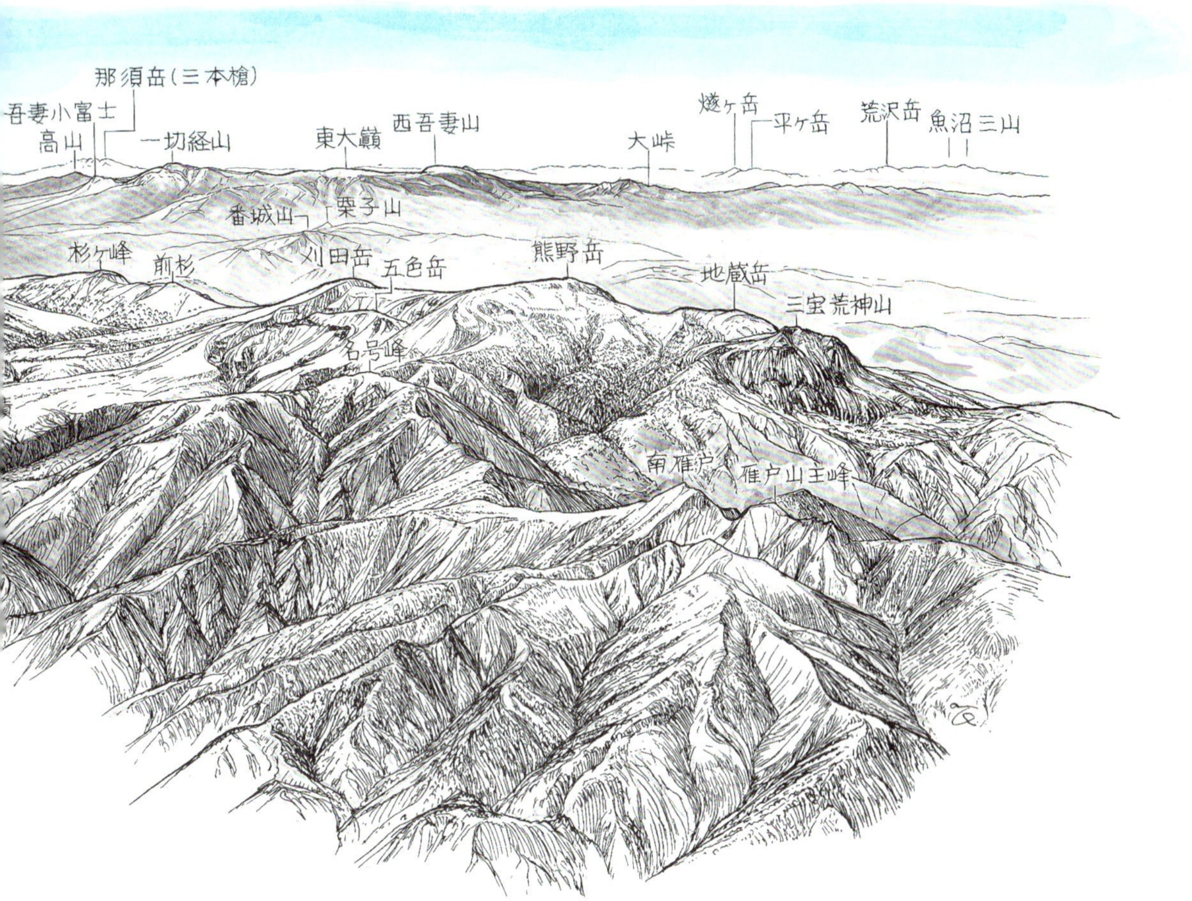

Ⅲ-34　**北北東から眺めた蔵王《ざおう》・吾妻《あづま》鳥瞰図**　Zao volcano and Azuma volcano　33×17cm
(「山形新聞」1995年3月9日夕刊)

1991年3月4日。快晴の朝、蔵王冬山スキーコース鳥瞰図作成のため、仙台空港からセスナ172型機で飛び上がった。パイロット・藤田、カメラ・五百澤、フィルム交換・清水弥栄治、色あい観察のためカルトグラファーの高橋信幸も同乗と、4名の乗員だ。すこしずつ高度を上げながら奥羽山脈に近づく。高くなると思いもかけない遠くの山が見えてきた。

本格的撮影の前に、蔵王連峰の上に吾妻連峰が見え、その上はるかに尾瀬《おぜ》や奥只見《おくただみ》、越後魚沼《うおぬま》の山々が見えるようすを写真に記録した。ふだん山形からは見えないふるさとの山の姿である。この方角から見ると、蔵王の山は大きいうねりのひろがりで、火口湖お釜などの激しい地表は見えず、南蔵王の屏風岳の半面のない姿や、その前の後烏帽子岳《うしろえぼしだけ》の端正な三角形が印象的であった。

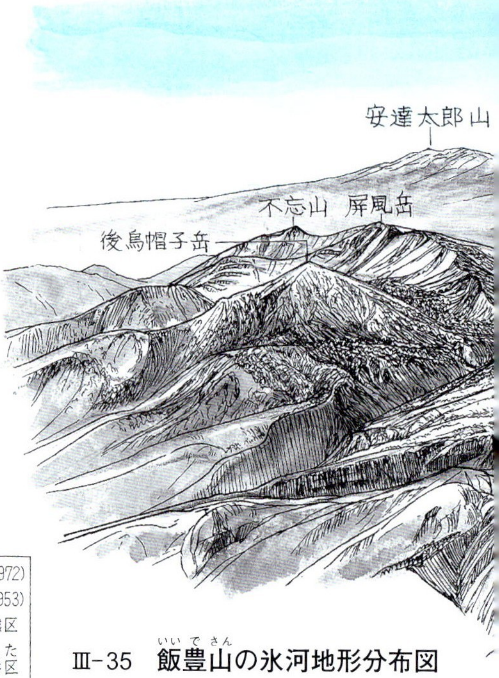

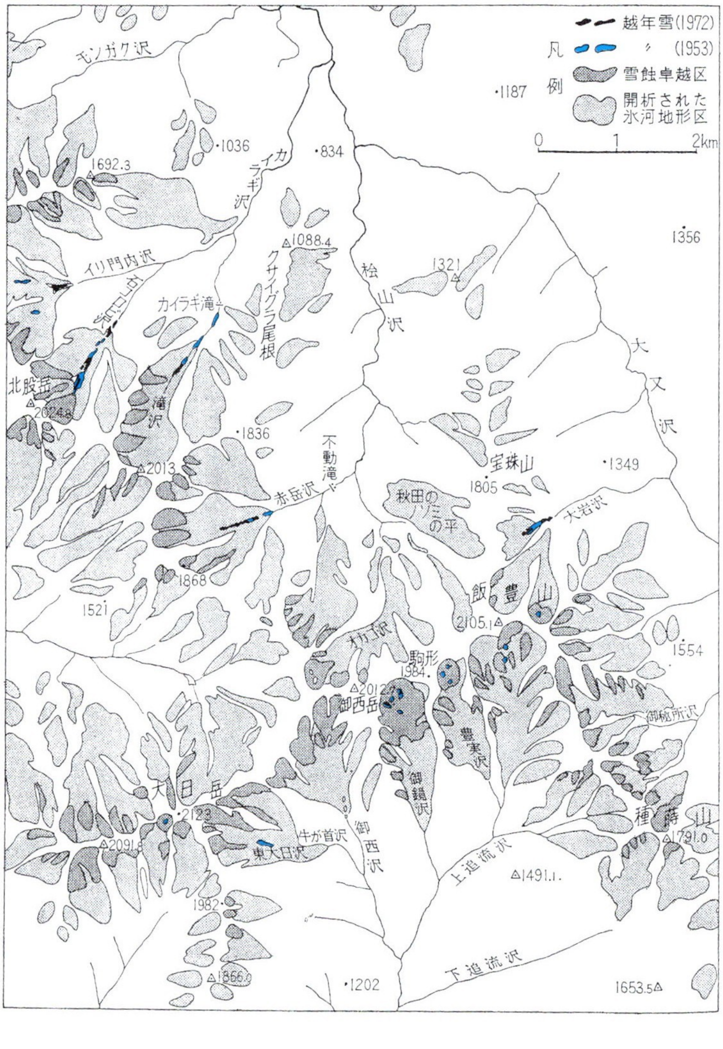

Ⅲ-35 飯豊山《いいでさん》の氷河地形分布図

Glacial landforms in the Iide Mountains

(「地理」1974年２月号・古今書院)

1951年が最初で飯豊山には５回登った。

1979年には山形大学の吉田三郎先生、東北大学の檜垣大助・山中英二両氏、山形大学の学生らがメンバーで、宝珠山《ほうじゅさん》のあるデェグラ尾根を下から登って飯豊本山《ほんざん》直下からガレ場を下ってルンゼ状の細い沢で寝泊まりして、「秋田のノゾミの平」を調べた。４分の３はスプーンで山をすくった圏谷タイプの地形だが、下方は断崖、左岸は沢にきざまれて断片的氷河地形、開析の進んだ地形と見たからだ。しかし、平の台地はびっしりとハイマツと笹におおわれ、歩くのも困難だった。こうした古い地形に秋遅くまで深い残雪があり、調査は大変である。

Ⅲ-36　面発生乾雪表層雪崩

Dry slab surface avalanch

14.5×21cm　（「山形新聞」2001年1月11日夕刊）

1963年（昭和38）は、38豪雪と言われる年であった。日本の裏日本一帯が雪に埋もれて孤立、たくさんの被害が出た。しかし、これで日本の雪氷学にたくさんの予算がつくようになり、研究の進展が見られた。当時、国鉄雪実験所長の荘田幹夫氏は、ヘリコプターを常駐させて雪崩パトロールを続け、ホバリングさせての雪面のサンプリングや雪崩写真などたくさんのデータが蓄積された。図もその一つ。1965年３月15日、奥利根小沢山の南面で発生したもの、1946mの雪面が２箇所で表面雪層が崩落、下方積雪層の表面を滑走した。

面発生乾雪表層ナダレ（1965年3月15日・奥利根，小沢山1946m南面）
荘田幹夫氏の写真模写

Ⅲ-37　面発生乾雪全層雪崩

Dry slab full-depth avalanch　14.5×21cm

（「山形新聞」2001年3月1日夕刊）

この図も荘田さん撮影の写真から作った。1965年３月８日、奥只見・銀山平にある石抱橋前の斜面に発生したもの。こうした雪崩は、まず雪斜面に眉型の亀裂となって始まる。図の上にその眉型が残っている。眉の割れ目の幅がすこし増加すると、その眉の左右両端からすこし離れた下方に、両側に小さい亀裂が発生、ハの字型で眉に平行な感じに見える。それが次第に下方に増加して割れ目がひろがり出し、突然、間の雪面の全層が大雪崩を起こして、図のようになる。全層雪崩のスピードは、傾斜によって40～80km/hであり、上図の表層では煙状だと400km/h、粉状だと100km/hぐらいになる。

⑶日本の高山地形山岳図

ヒマラヤの山や氷河で試した細密表現による山岳図を、日本アルプスや他の日本の高山でも同じやり方の山岳図として作ることに、「岳人」編集部と「中日新聞」航空局が賛成してくれたので、名古屋大学の水圏科学研究所の樋口敬二教授と一緒に越年雪の分布を調査したのと同様に、山形から名古屋空港に馳せ参じてのフライトを実施した。そして毎月の連載で「氷の山火の山」シリーズの山岳図を発表した。ここに一部を紹介する。

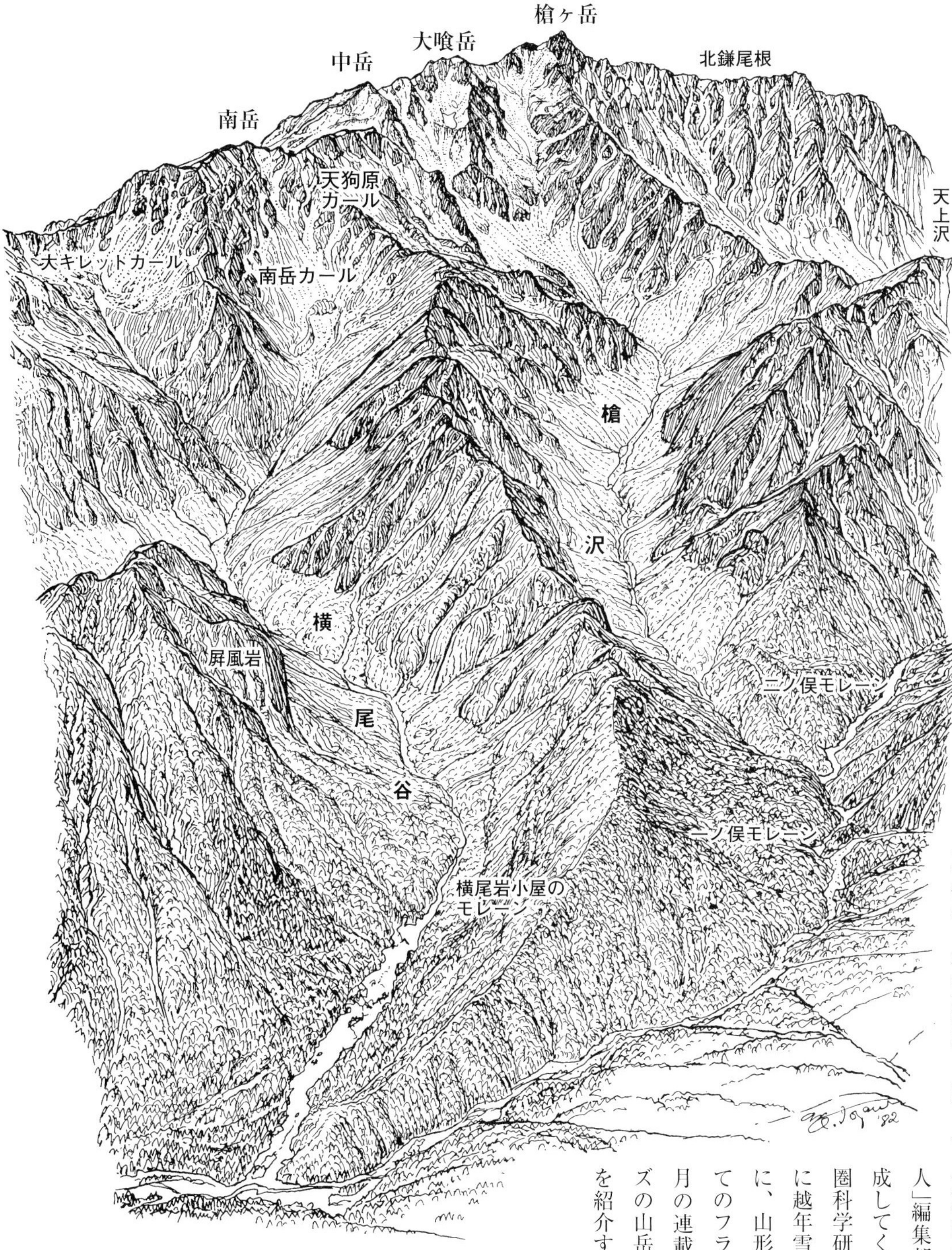

Ⅲ-03　槍・穂高鳥瞰図　Yari-Hotaka Range

20×24.5cm　（「地理」1982年４月号・古今書院）

五百澤が1961年に気が付き、1962年、その確認調査作業をおこない、10月に日本地理学会で発表した「槍穂高連峰の最低位堆石堤」の鳥瞰図。白っぽく見える谷底の崖錐が、古いＵ字谷を埋めている

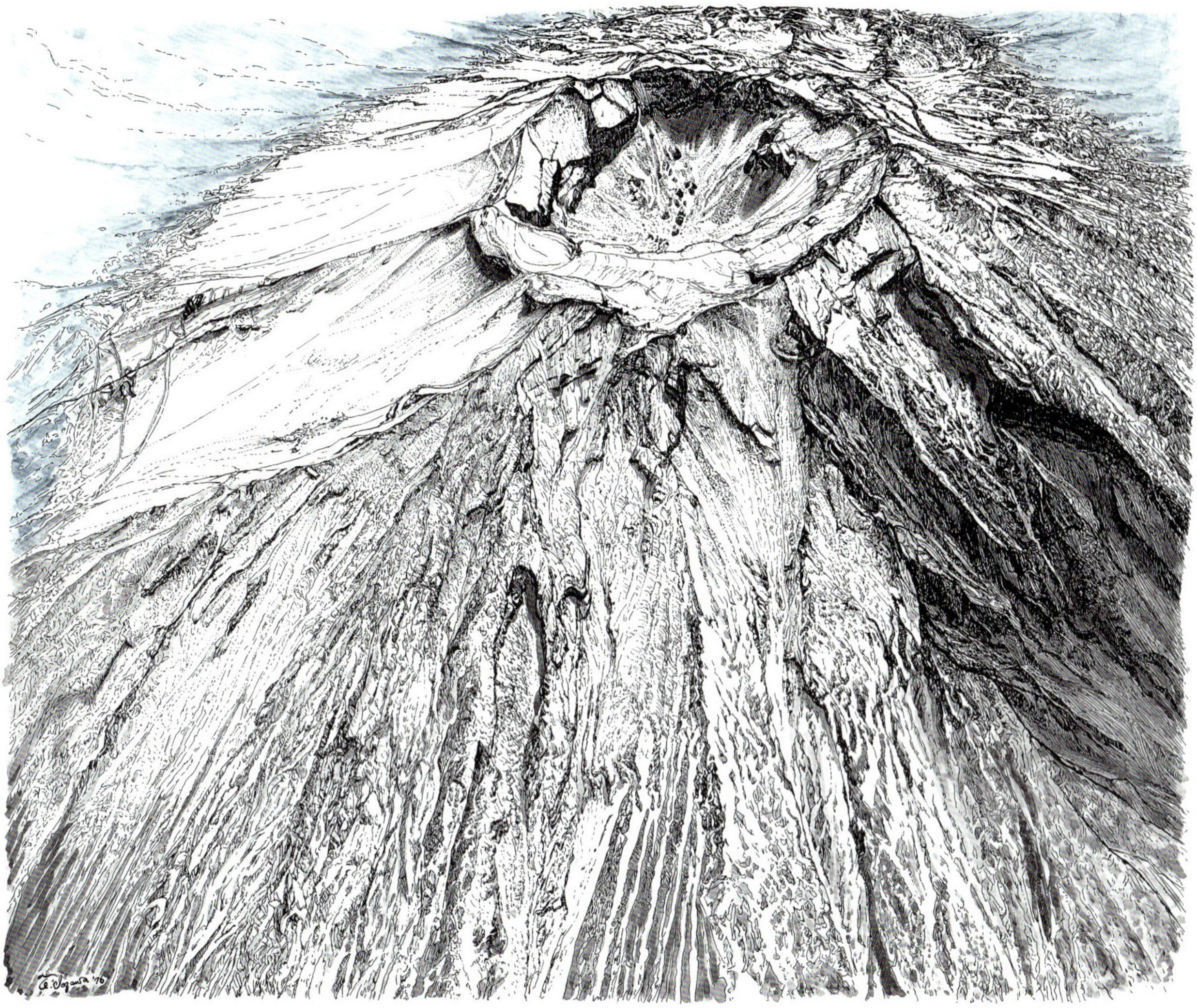

Ⅲ-38　富士山鳥瞰図　Fuji volcano　30×24cm　（『鳥瞰図譜日本アルプス』講談社1979年刊）

1975年秋、新雪の富士山頂を北北西から見おろしている。山頂には噴火口あとのくぼみが250mほど低くなっていて、大内院と呼ばれる。山頂左下の稜の頭、丸いところが白山岳、富士山第二のピークで3756m。左手に突き出した山頂が吉田口頂上で、吉田口登山道のトレイルが左下に向かって延び、９合目、８合５勺の小屋群が見える。その手前白く浅いくぼんだ谷が吉田大沢の谷頭で、小氷期の氷雪のネオグラシエーションによるものであろう。右手の黒っぽい崖は大沢崩れの谷頭で、山腹全体の成層火山の溶岩層と砕屑物の層がよく見えている。山頂上部、南南東の黒い崖の上に富士宮口山頂があり、浅間大社奥宮がある。火口をかこむ頂稜線右手はずれの山頂にある丸いドームと建物は、当時存在した気象庁の富士山測候所で、その左上に三角点がある。これまでは、3775.6mの三角点の標高が四捨五入されて、富士山の標高、日本一の高さとされてきた。

1989年（平成元）以来、国土地理院の「山の高さに関する委員会」は、「山の頂上は、山体を構成する岩石圏の最高地点とする」として、全国の山の高さを再検討していたが、この日本一高い富士山からきちんと調査すべきであるとして、1989年８月24日、委員長の五百澤と東海林日出男、田中幸生の両技官が、富士山・剣ヶ峰の三角点標石近辺の岩石圏の高いところを直接水準法により標高を測量した。その結果、三角点北方の12m地点の溶岩上面が61cm高い最高地点であることが判明した。こうして、富士山の標高は3776.2mとなり、掛け値なし、天下晴れての3776mとなったのである。

Ⅲ-39　**剱岳《つるぎだけ》池の谷《たん》**　Ikenotan in Tsurugi-dake　20×24.5cm　(『鳥瞰図譜日本アルプス』講談社1979年刊)

右上の剱岳頂上から手前下に延び、半分雲のかかっている尾根が早月《はやつき》尾根。頂上左のコルが長次郎のコルで、ちょっと頭の出ているのが、長次郎ノ頭《かしら》で、そこから左下へ「く」の字状に延びて落ちるのが剱尾根である。それをはさむV字状雪渓は左俣と右俣で合流点が二俣、左端の稜が小窓尾根だ。

剱御前
二七七六・六
別山沢
剣山荘
剣沢雪渓
平蔵谷
長次郎雪渓
剱岳
二九九八
長次郎ノ頭
二九三六
八ツ峰ノ頭
二八八〇
チンネ
三ノ窓
二六五五
小窓ノ王
二七六〇
三ノ窓雪渓
小窓
二三四〇
小窓雪渓
二五〇五
二五六一
池ノ平

東側、黒部川の上空から北を右、南を左にして、山より少し高いところから見ている。

1973年秋の撮影で、残雪はこの年の状態を示している。その量は毎年変動があり、年毎に涵養区の位置や面積も異なっている。右(北)側の剱岳の谷筋はそろって狭く、急傾斜で、氷期には懸垂氷河が見られたと考えられる。左(南)の立山連峰は、剱沢、真砂《まさご》沢、内蔵助《くらのすけ》谷、御前沢、タンボ沢、御山谷と東面の谷筋はみな谷頭圏谷があって、稜線が空へ抜けたように見える。その圏谷地形は御前沢をのぞけば、突き当たりの谷頭壁が無い浅く開いた形で全面が崖錐礫で埋まっている。御前沢は、立山山頂部の雄山《おやま》、大汝山《おおなんじやま》、富士《ふじ》ノ折立《おりたて》の三峰の間に分かれて突き上げ、立派な谷頭壁を持っている。図で黒っぽく見える岩壁部は、他の圏谷では、両側に谷を分ける尾根の突き出した突端部にそれが見え、その下部山腹は、古い氷河拡大期につくられた氷蝕山体が古い崖錐でおおわれたなだらかな斜面として、この立山から剱岳の東面一帯にひろがっている。日本アルプスの新(涸沢《からさわ》期)・旧(横尾期)両ステージの複合氷河地形の典型がここに見事に見られる。

剱沢の雪渓は、日本一のものである。毎年拡大と縮小を繰り返して一定しないが、多い年は、平蔵谷、長次郎谷、別山沢、真砂沢三ノ窓の全雪渓が連続して樹枝状となり、面積は30haを超える。白馬沢は多くても20ha、唐松沢は18ha、白馬大雪渓は17ha、小窓雪渓の15haが日本での大きい部類に入る。穂高の涸沢はせいぜい5haに過ぎない。これらは全て越年時の計測記録である。

Ⅲ-40　**剱・立山東面鳥瞰図**　Tsurugi-dake and Tate-yama

45×21cm　（『鳥瞰図譜日本アルプス』講談社1979年刊）

1957年８月19日から９月８日までの21日間、五百澤は測手として、建設省地理調査所の「立山地方５万分１地形図要部修正測量」に参加した。班長は西村蹊二氏、他に廣澤、武久、川崎の３技官が外業班のメンバーで、五百石、立山、黒部の３図葉が対象だった。五百澤は各図葉担当の技官に従って、宇奈月から僧ヶ岳、黒部駒ヶ岳に登り、雪渓の下を抜けて片貝川に下った。このあと五百石から上滝を回り、地獄谷に登って国見岳、雄山で眼鏡付アリダートの観測を手伝い、一人で棹を片手に剱岳山頂に測旗を立て、早月尾根を下って、尾根上の三角点にも旗をつけ、バンバ島の発電所で送水管の地下経路の図を移写。宇奈月から仙人谷を登って、池ノ平から小窓の王を調査、剱沢に下って別山尾根を登り、地獄谷へ戻ったが、作業班は剱沢へ移っていて、夜歩きで剱沢へ移り、奥大日岳から大日岳を通って、弥名滝の下へ下り、千寿ヶ原（今の立山駅）へ戻った。折しも黒四ダム建設の準備作業中で、立山歩荷《ぼっか》が大活躍していた。

Ⅲ-41　**剱岳北東面**　Tsurugi-dake from northeast

31.5×24.5cm　（『鳥瞰図譜日本アルプス』講談社1979年刊）

小黒部谷《こくろべたん》の上空、北東から見た剱岳である。一番手前のピークが池平山《いけのたいらやま》(2561m)で、下は小黒部谷の源流部だ。Ｙ字形で丸窓のある雪渓が右上に延びて接しているコルが大窓《おおまど》。その右側の二つのコブが、左・白ハゲ、右・赤ハゲ。小黒部谷の左上へ延びる白い雪渓の上にある浅いくぼみが池ノ平。小黒部から登り切った鞍部に池ノ平小屋がある。小黒部谷上流部には横尾期の古い氷河堆石が見られるのだが、下流部が遡行困難で現地確認していない。６月の残雪豊富な時期なら、池ノ平より下降できるのだが、雪を掘り起こして地面を見るのも大変である。池ノ平の左手が仙人山、先の右上に延びる大きい雪渓が小窓雪渓であり、この図は山の上部に薄く新雪がある時期のものだから越年雪と考えてよい。雪渓の上の岩壁は、小窓《こまど》ノ王《おう》の北壁で、右に下る尾根が小窓尾根。岩壁の上に見える長い雪渓が三ノ窓雪渓、下流部は岩屑で黒い。三窓雪渓の上に見えるピークがチンネ。すぐ左に白い長次郎雪渓の上部が見えその手前左下へハツ峰が連なる。雪渓の上に重なるように見えるのが剱岳で、右へ早月尾根、左へ源次郎尾根が続く。左上に剱沢圏谷、右上に奥大日岳が遠く見えている。

Ⅲ-42　黒部五郎岳　Kurobegoro-dake　各25×20cm　（『鳥瞰図譜日本アルプス』講談社1979年刊）

五百澤は「岳人」に山岳図を印刷してもらうのに、特色を加えた２色刷りという条件をいただいたので、図もペン画式詳細山岳図をベースに、シュテットラー社のマルス・ルモグラフ鉛筆のエクストラ・エクストラＢ（現在は名前が８Ｂに変更）を使ってトレーシングペーパーをペン図に重ねて、加刷用の色彩原図用シェーディング図を作成した。そのため、原図は２枚から４枚と複数になった。この黒部五郎岳では、その原図を３種、別々に印刷してお見せする。

Ⓐ

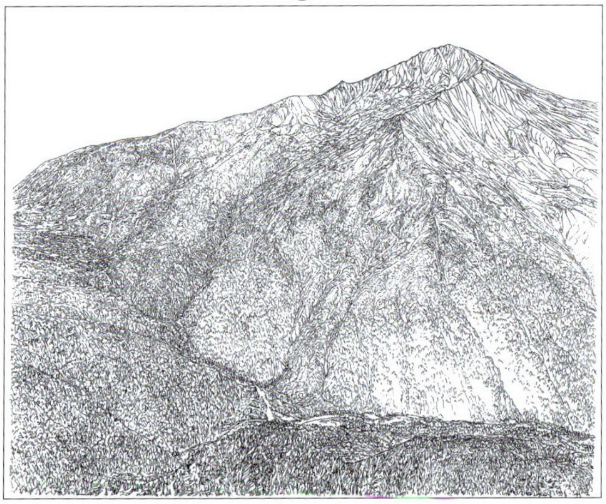

Ⓐ　スミベタ版用基本の図
近景、地性線式地形表現。
植生のペン画表現。

Ⓑ

Ⓑ　スミの網版用原図（シェーディング）
網の％で加減できるので、原図はコントラスト最大に描示。地形表現の補助。

Ⓒ

Ⓒ　遠景、植生表現用色彩版原図
（シェーディング）
主としてアイ網を用いた。

大切戸
2748
南岳
3033
中岳
3084
大喰岳
3101
槍ヶ岳
3180

Ⅲ-43　槍・穂高連峰

Yari-Hotaka Range

30.5×22cm

（『鳥瞰図譜日本アルプス』講談社1979年刊）

梓川上空から、前穂高岳北尾根越しに、北西方向を眺めた。左端に涸沢《からさわ》岳、次に北穂高岳が正面にきて、氷河の侵蝕で谷頭の岩壁がなくなりかけている大切戸《おおきれっと》のやせ尾根鞍部ごしに、南岳から槍ヶ岳までの連峰が続く。

黒っぽい岩壁・岩稜は、氷期も氷河に覆われず、その上に突き出ていて、日射しや凍結融解、風雪のしごきに耐え続けてきたところ。谷底の岩礫土砂でおおわれた斜面は氷河が削りとり、みがきをかけた氷蝕面。今は風化物、落石の埋める崖錐斜面になっている。

涸沢岳三角点
3103
3110
北穂高岳
3106
ドーム

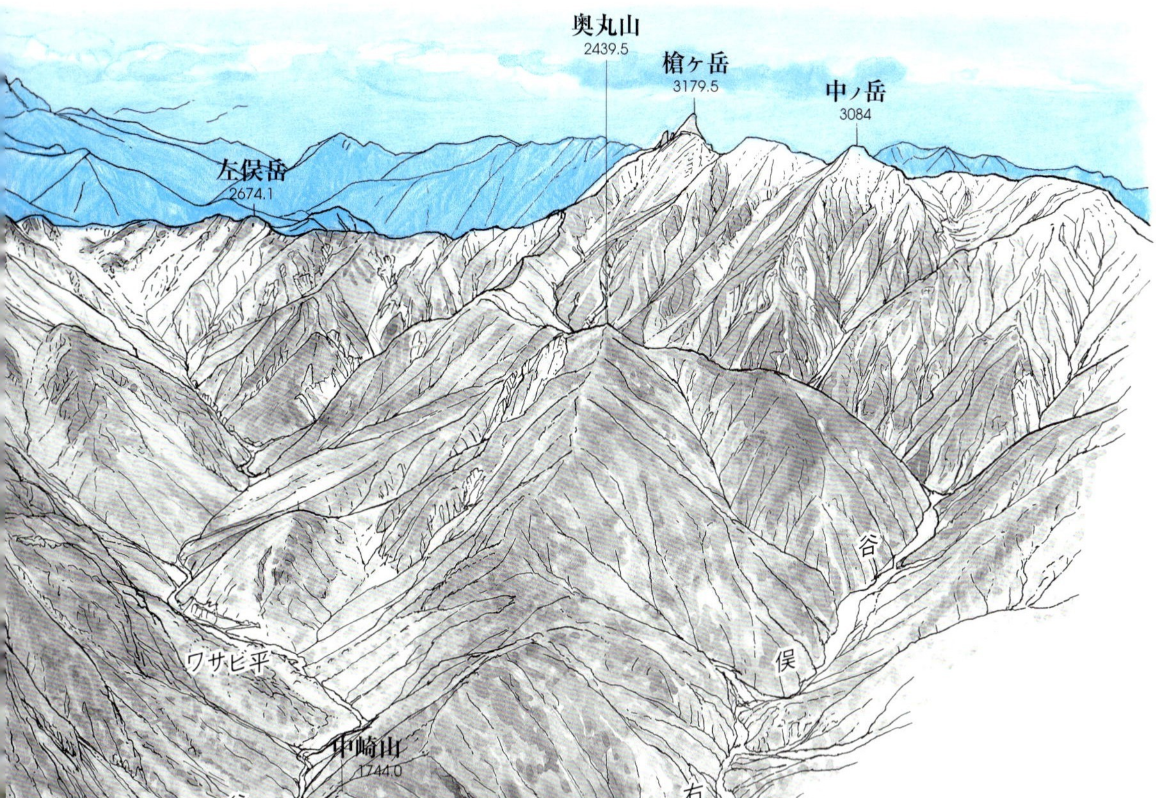

蒲田川《がまた》、新穂高温泉付近の上空から、北方を眺めた鳥瞰図で、左に笠ヶ岳、右に槍ヶ岳、中央に蒲田川左俣が眺められる。笠ヶ岳山頂は南北二つの高みがあり、三角点は南のやや低い方にあるので、ほんとうの標高は、2900mに達しているかもしれない。三角点の標石高は2897.5mである。笠ヶ岳の東側は、北に播隆平《ばんりゅうだいら》の小さい圏谷がある。その南の緑の笠は氷蝕をうけた基盤の高まり。下の穴毛谷の各枝沢谷頭には氷蝕地形が残り、抜戸岳《ぬけどだけ》の南面の杓子平が一番大きい。四ノ沢、三ノ沢では後の谷頭侵蝕が進んで残存部が少ない。蒲田川左俣は源流部に広く氷蝕地形が拡がっていて堆積物も多い。

蒲田川、右俣谷頭にも槍平から上流に氷河地形が残り、南岳西面の氷河地形も図に見えている。

Ⅲ-44　笠ヶ岳〜槍ヶ岳　Kasaga-take to Yariga-take
45.5×25.5cm　（『鳥瞰図譜日本アルプス』講談社1979年刊）

大天井岳《おてんしょうだけ》
2922
東天井岳
常念岳《じょうねんだけ》
2857
中山
俣谷
蝶ヶ岳
2677
1705
長塀山
大滝山
2616
鍋冠山
2194
徳沢
2073
黒沢山
2051
北沢
小嵩沢山
2387
南沢
天狗岩
1964
金松寺山
1625
2149
島々谷川
1939
大明神山
1642
穴沢山
1290
上野
梓川
島々
大野田
1496
水殿川
稲核ダム
水殿ダム
梨子平
橋場
黒川
ハト峰
1971
しんしまじま駅
奈川渡ダム
稲核
安曇資料館
梓湖
鉢盛山
2446
入山
小鉢盛山
2374
T. Oozawa, 2006.

Ⅲ-45　梓川渓谷鳥瞰図《あずさがわ》　Azusa-gawa Valley　51×38cm

（『梓川渓谷の地形誌』安曇資料館2006年刊に加筆）

2005年春、松本市と合併が決まった信州安曇《あずみ》村の教育委員会は、村時代の最後の仕事として、村の子供達みんなに、自分の村の自然のすばらしさを正しく理解してもらうため、楽しくわかりやすい、図解や写真のいっぱい入った解説書を作ろうと考えた。仕事は安曇資料館の山本信雄氏と寒冷地形談話会の清水長正氏が中心になって進め、それぞれの分野の研究者の協力を得て、2006年３月27日、松本市安曇資料館発行、カラー48ページの『梓川渓谷の地形誌』は完成した。この図はその本のために作ったアナログ鳥瞰図である。

Ⅲ-46　**穂高岳・涸沢《からさわ》と岳沢《だけざわ》**　Karasawa and Dakesawa in Hotaka-dake　38×23.5cm
（『鳥瞰図譜日本アルプス』講談社1979年刊）

西上空から見おろした穂高。中央が奥穂、右上が前穂。左側の涸沢谷は何度も氷蝕を受けて深く、右の岳沢の谷は横尾期（旧期）のみに氷蝕をうけたのか、はっきりしない。

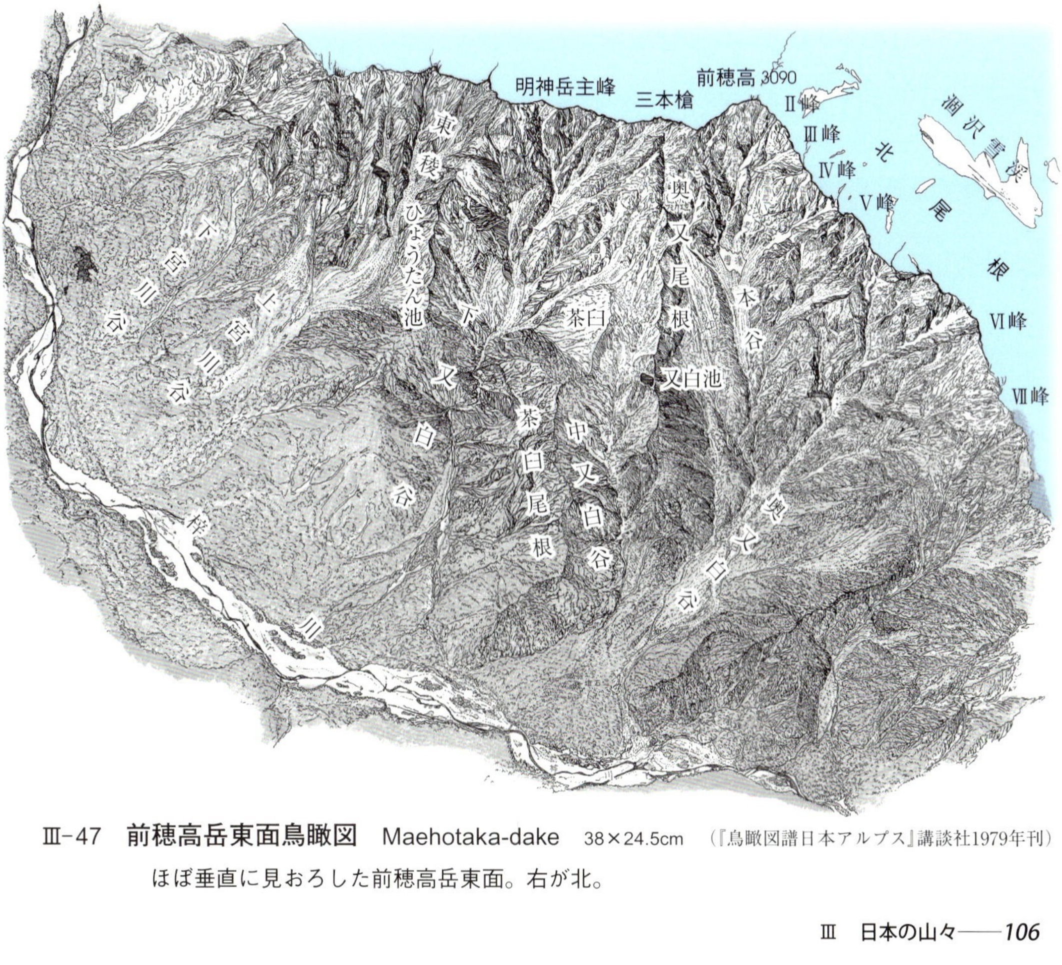

Ⅲ-47　**前穂高岳東面鳥瞰図**　Maehotaka-dake　38×24.5cm　（『鳥瞰図譜日本アルプス』講談社1979年刊）
ほぼ垂直に見おろした前穂高岳東面。右が北。

Ⅳ　日高山脈・日本アルプスの氷河地形分布図

1962年、槍沢・横尾本谷の下流部にそれまで知られていなかった氷河堆石堤を発見した五百澤は、その後、同様な新旧複合の氷河地形を、空中写真判読により、日本アルプス全域で調査し、５万分１地形図上に描示した。後に実施した日高山脈のものと合わせてここに縮小して紹介する。日本のその他の地域のものについても実施するはずだったが、他の仕事に追われて、未だ完成していない。

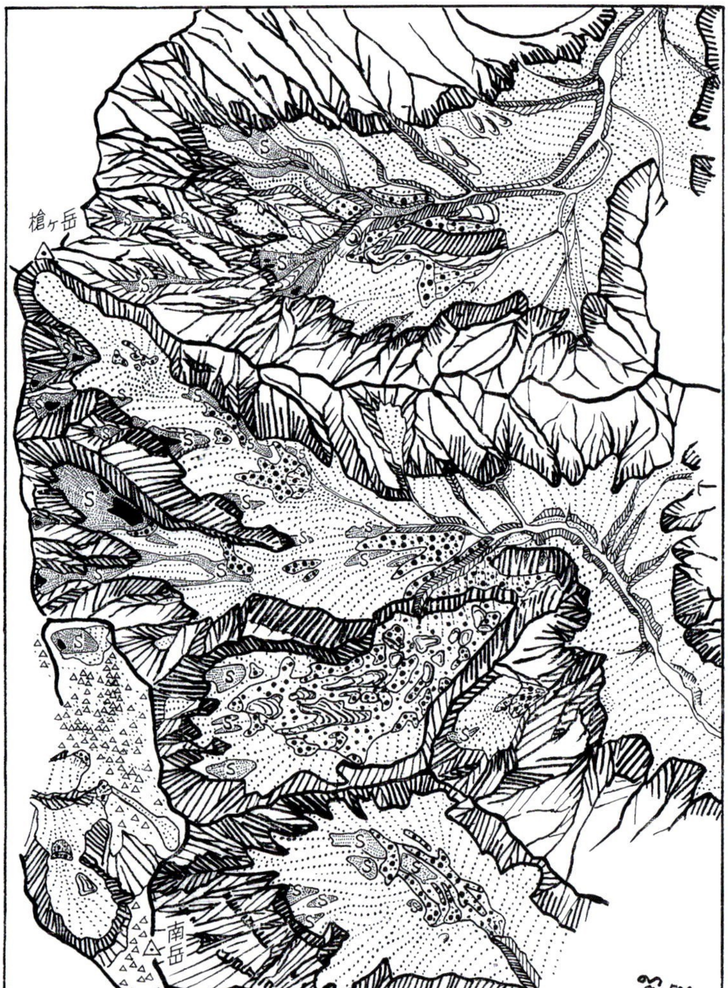

凡　　例　LEGEND

Ⅰ 雪蝕地形　Nivational Landforms

残雪　Snowpatch

現在の雪蝕地域　Snowpatch eresent area at present.

Ⅱ 氷食地形　Glaciated Landforms

頭壁と切断山脚　Headwall and Trancated spurs

氷蝕岩丘(羊群岩)　Roches moutonnées

堆石状堆積物　Morainic deposit

開析されつつある堆石状堆積物　Dissected morainic deposit

複合崖錐斜面　Compound talus slope

開析された崖錐　Dissected talus

Ⅲ 周氷河地形　Periglacial Landform

岩石流地域　Mass movement area (Rock glacier～Block stream)

Ⅳ-0　**日本の氷河地形判読基準カード**　The classification map of glacial landforms　20×21cm　（「地理」1974年２月号・古今書院）

1970年、日本写真測量学会は会報の「写真測量」に、付録として写真判読基準カードを写真２枚のステレオグラムとともに付していた。五百澤はその氷河地形を担当するように言われ、国土地理院撮影の1万3千分1空中写真ステレオグラムと、この槍・穂高周辺の地形判読分類図を提出した。次ページ以下の「氷河地形分布図」よりも詳細な判読図である。

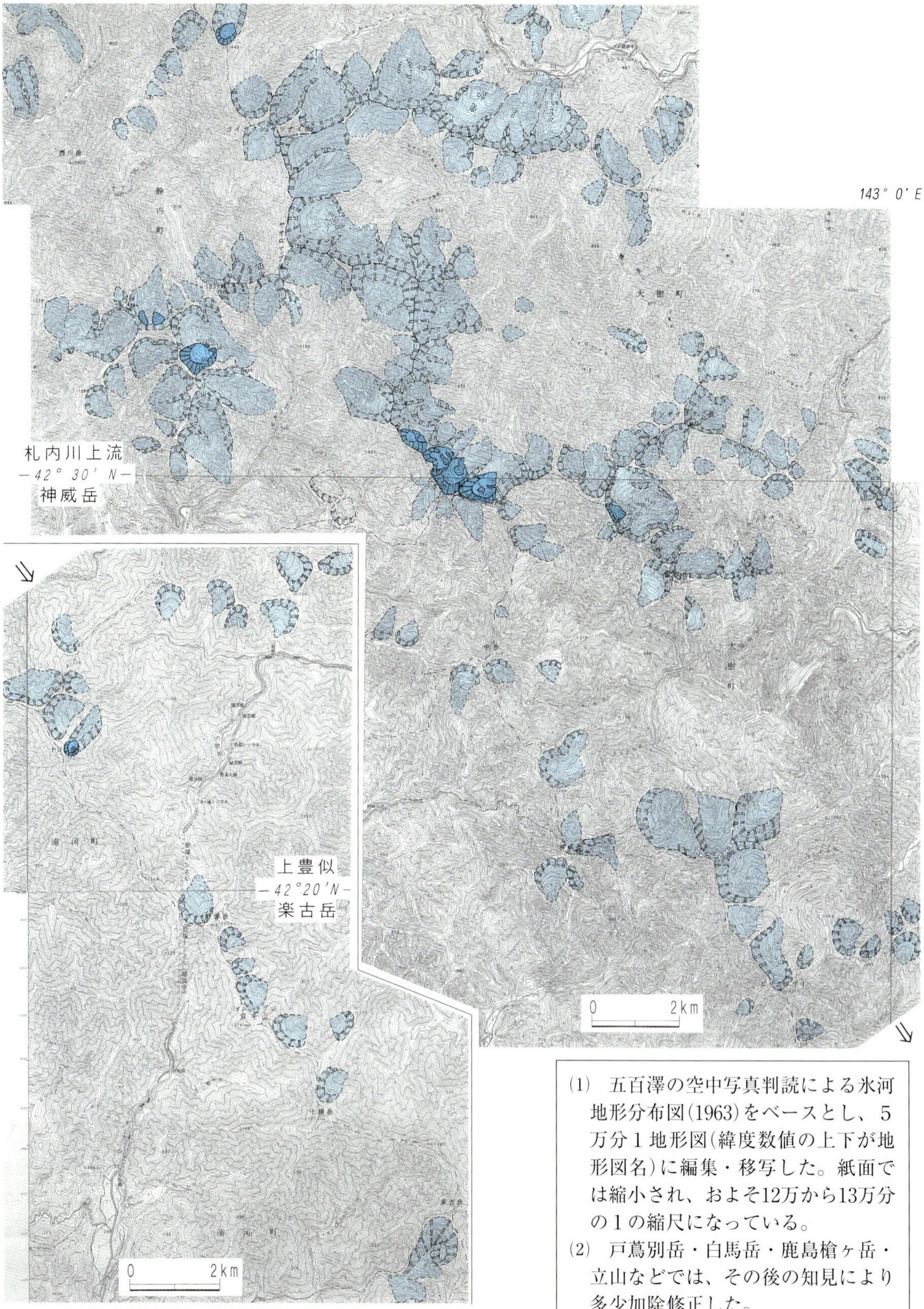
143° 0′ E
札内川上流
−42° 30′ N−
神威岳
上豊似
−42°20′N−
楽古岳
0　2km
0　2km

IV−1　日高山脈南部の氷河地形

Glacial landforms in the Hidaka Range (southern part)

42×58cm　（『新日本山岳誌』ナカニシヤ出版2005年刊）

(1)　五百澤の空中写真判読による氷河地形分布図(1963)をベースとし、5万分1地形図(緯度数値の上下が地形図名)に編集・移写した。紙面では縮小され、およそ12万から13万分の1の縮尺になっている。

(2)　戸蔦別岳・白馬岳・鹿島槍ヶ岳・立山などでは、その後の知見により多少加除修正した。

(3)　地すべり地形の可能性が高いものは除外した。　(編図：清水長正)

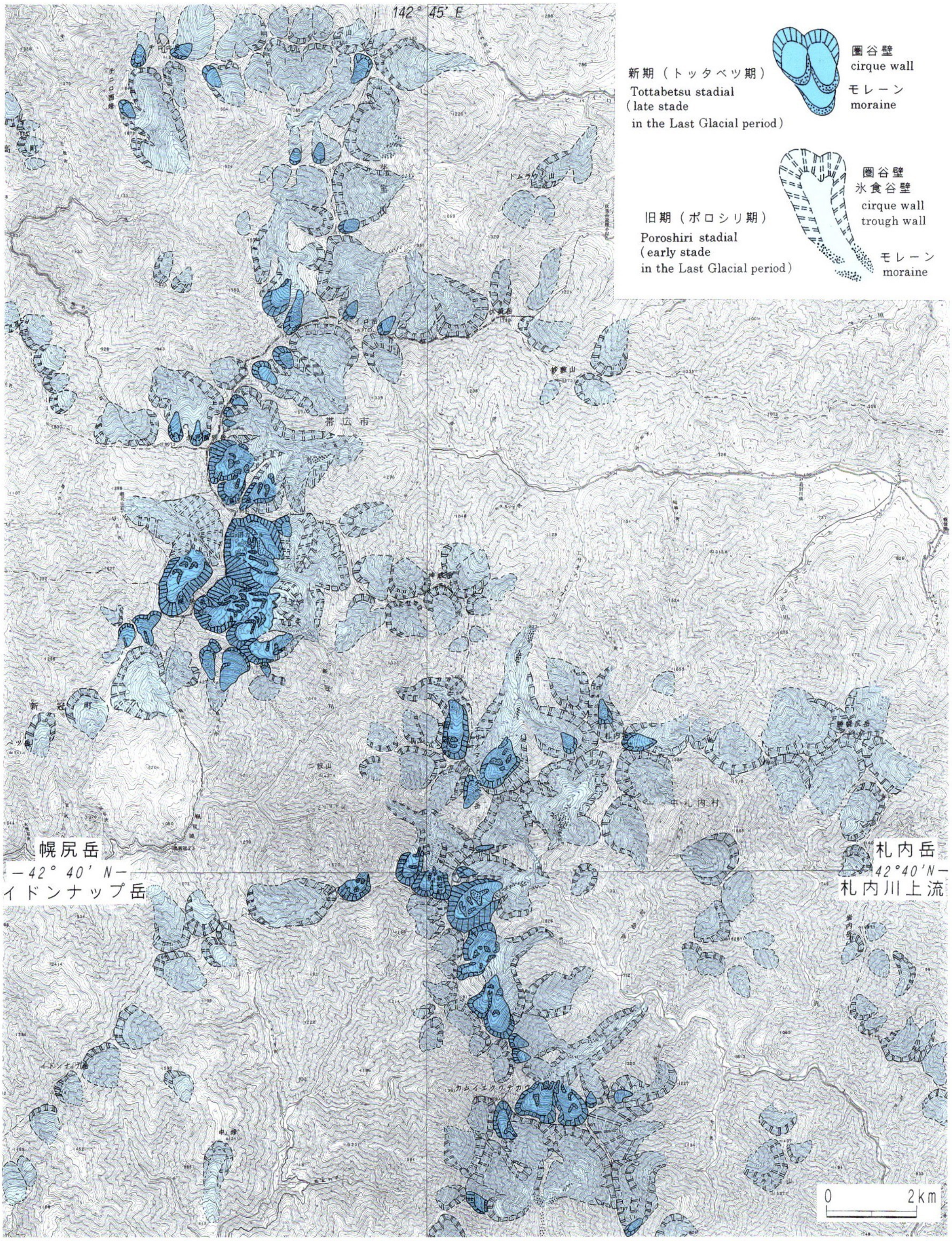

Ⅳ-2　日高山脈北部の氷河地形　Glacial landforms in the Hidaka Range (northern part)　42×53cm

（『新日本山岳誌』ナカニシヤ出版2005年刊）

これらの図が作られて以降、日高山脈や日本アルプスの氷河地形に関する年代資料が得られ、『日本の地形 総論』（東大出版会2001年刊）などで次のように総括されている。新期＝およそ１万年前～３万年前の最終氷期後半。旧期＝およそ４万年前～８万年前の最終氷期前半で、一部では10万年前以前の古い氷期を含む。

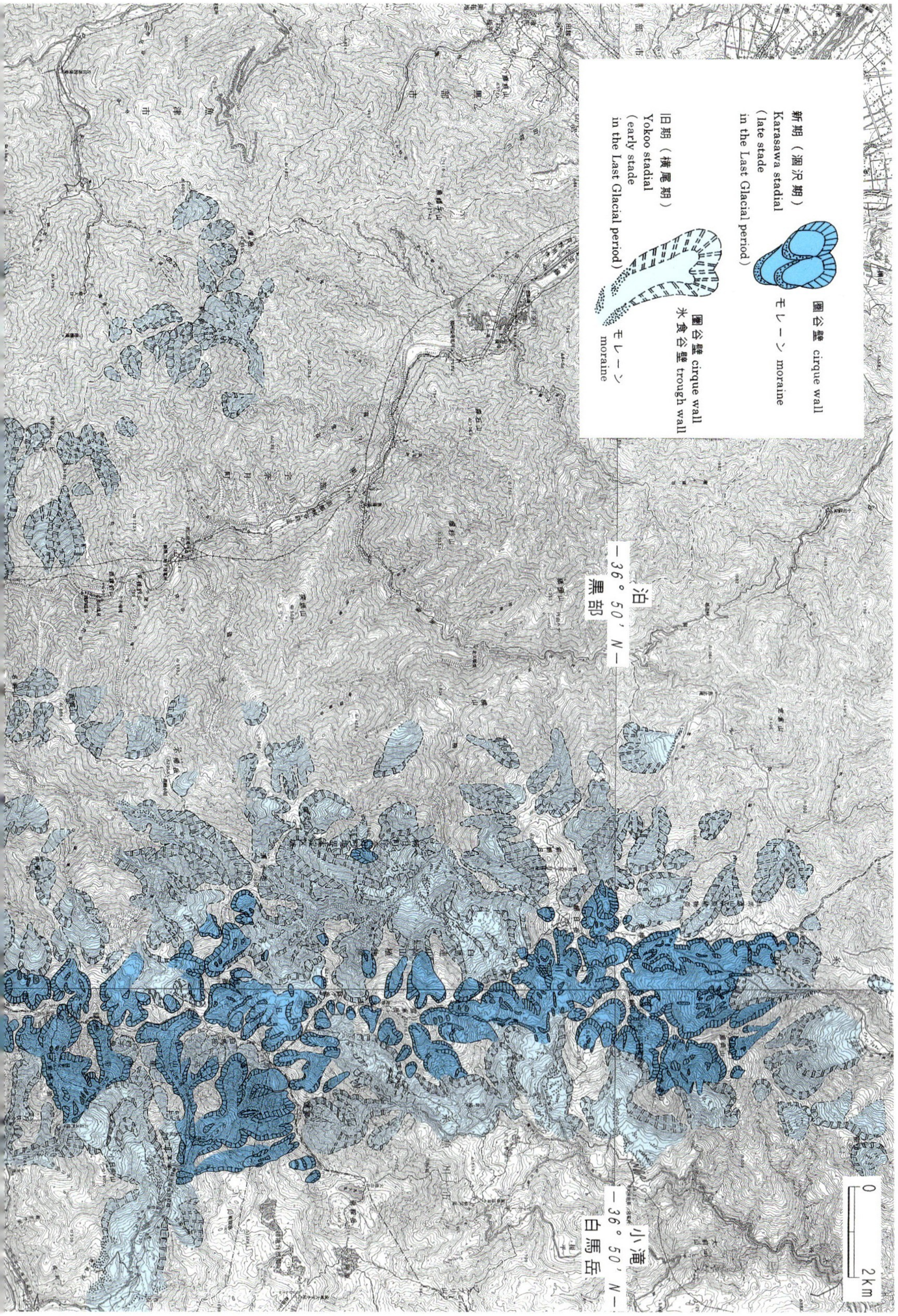

新期（涸沢期）
Karasawa stadial
(late stade
in the Last Glacial period)
圏谷壁 cirque wall
モレーン moraine
旧期（横尾期）
Yokoo stadial
(early stadial
in the Last Glacial period)
圏谷壁 cirque wall
氷食谷壁 trough wall
モレーン
moraine
泊
黒部
36° 50′ N
小滝
白馬岳
36° 50′ N
137° 45′ E
0
2 km

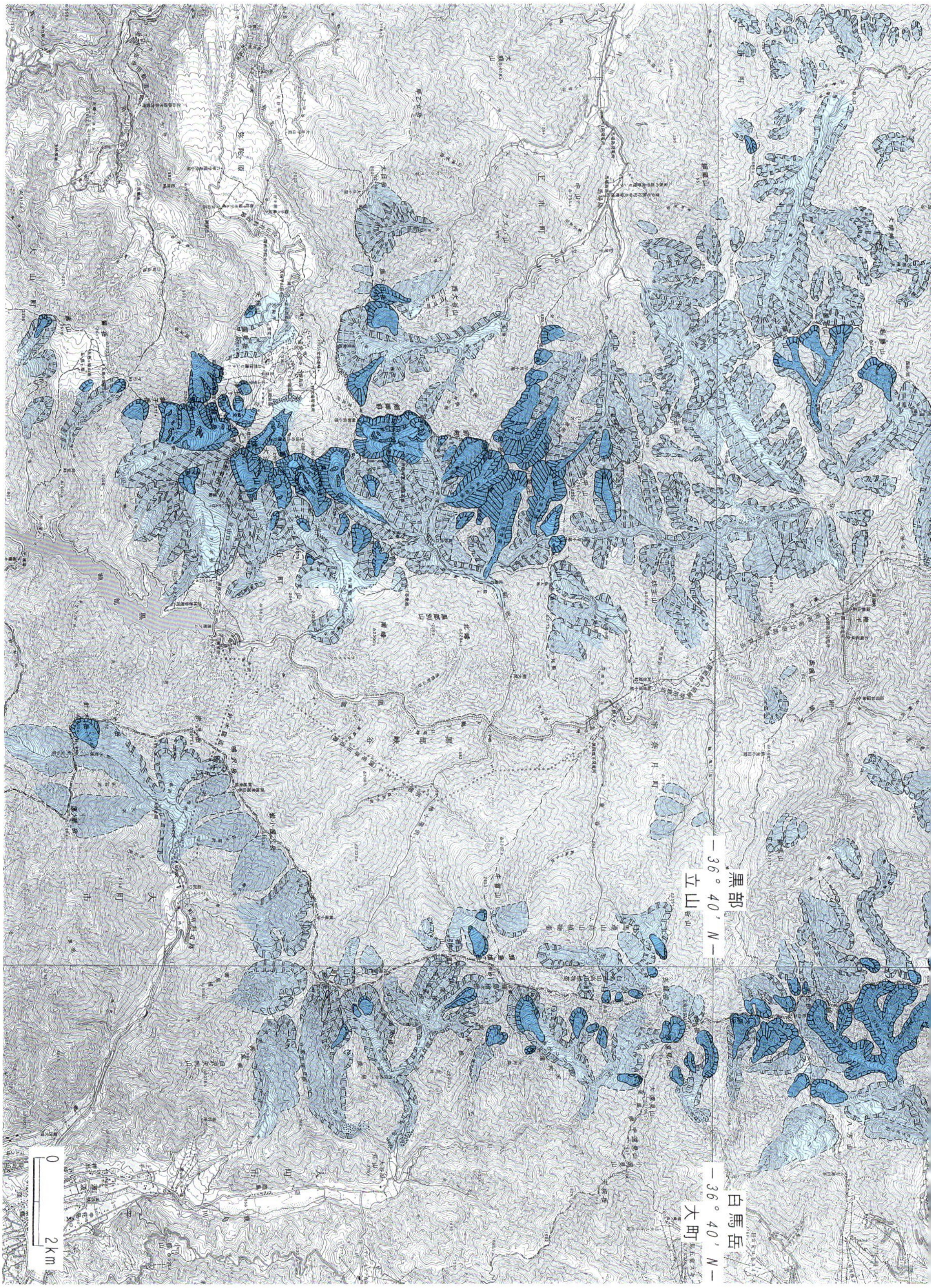

IV-3　北アルプス北部の氷河地形　Glacial landforms in the Northern Japanese Alps (northern part)　58×82cm

（『新日本山岳誌』ナカニシヤ出版2005年刊）

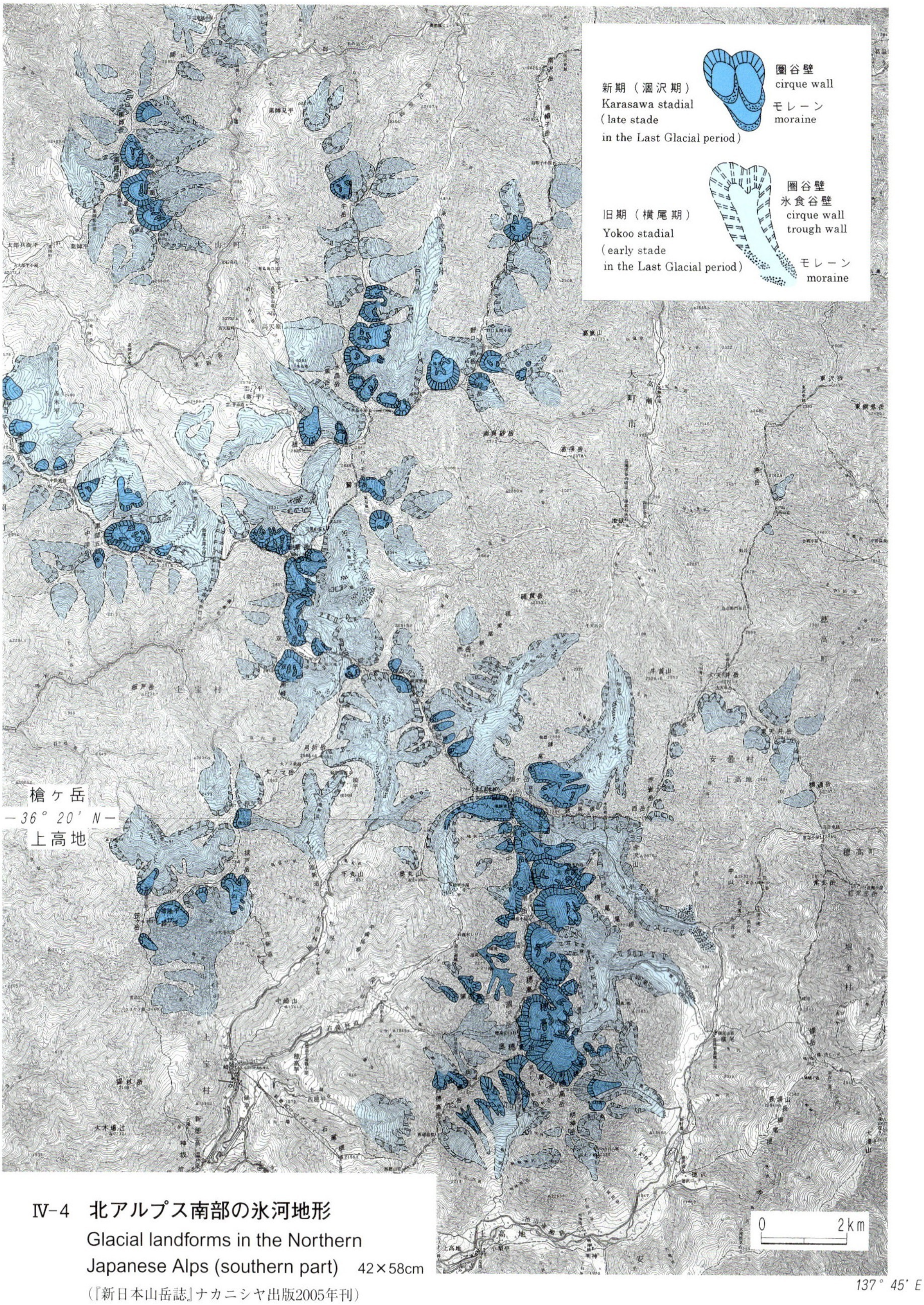
圏谷壁
cirque wall
新期（涸沢期）
Karasawa stadial
（late stade
in the Last Glacial period）
モレーン
moraine
圏谷壁
氷食谷壁
cirque wall
trough wall
旧期（横尾期）
Yokoo stadial
（early stade
in the Last Glacial period）
モレーン
moraine
槍ヶ岳
−36° 20′ N−
上高地
0
2km
137° 45′ E

IV-4　北アルプス南部の氷河地形

Glacial landforms in the Northern Japanese Alps (southern part)　42×58cm

（『新日本山岳誌』ナカニシヤ出版2005年刊）

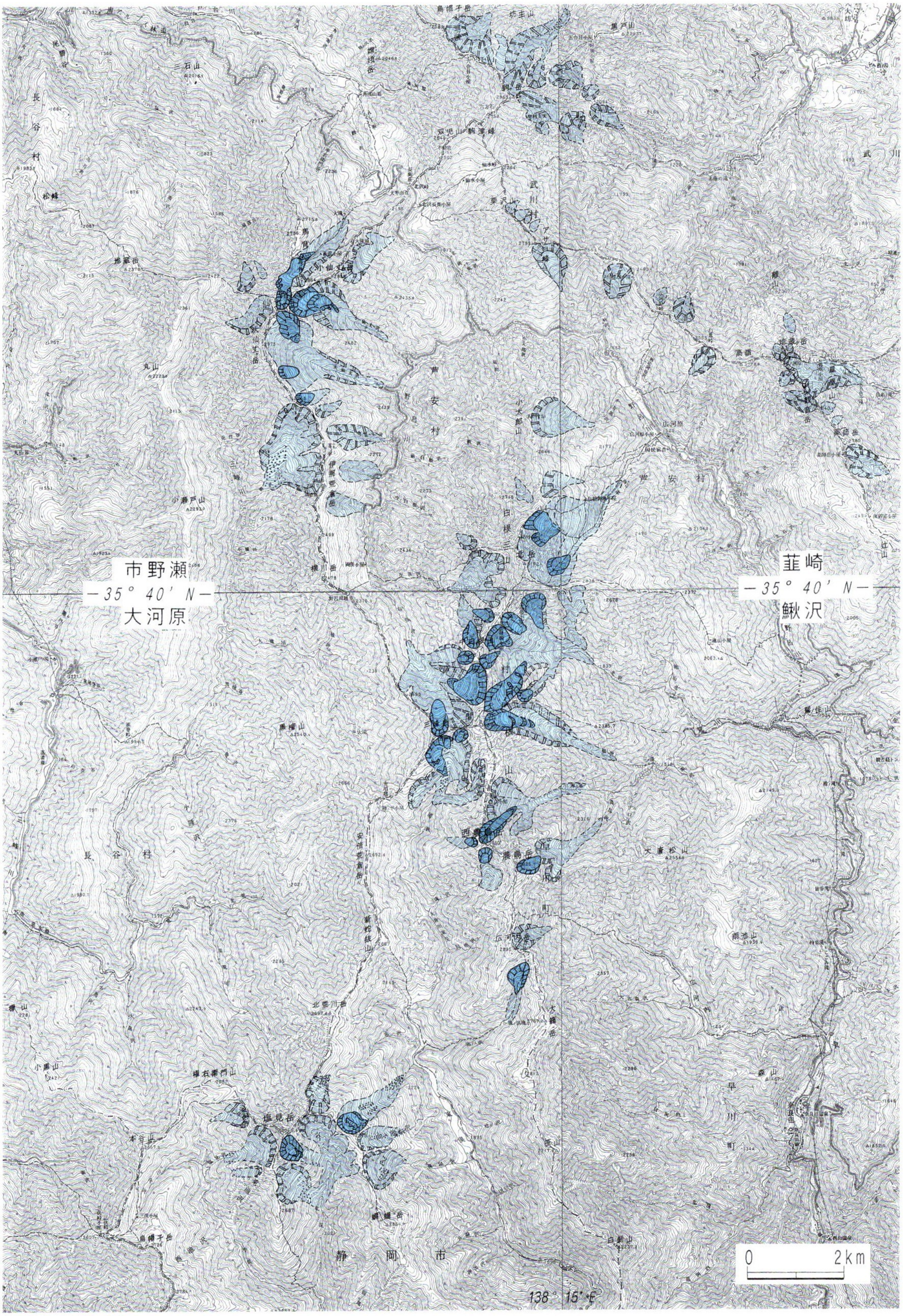

Ⅳ-5　**南アルプス北部の氷河地形**　Glacial landforms in the Southern Japanese Alps (northern part)

37×52cm　(『新日本山岳誌』ナカニシヤ出版2005年刊)

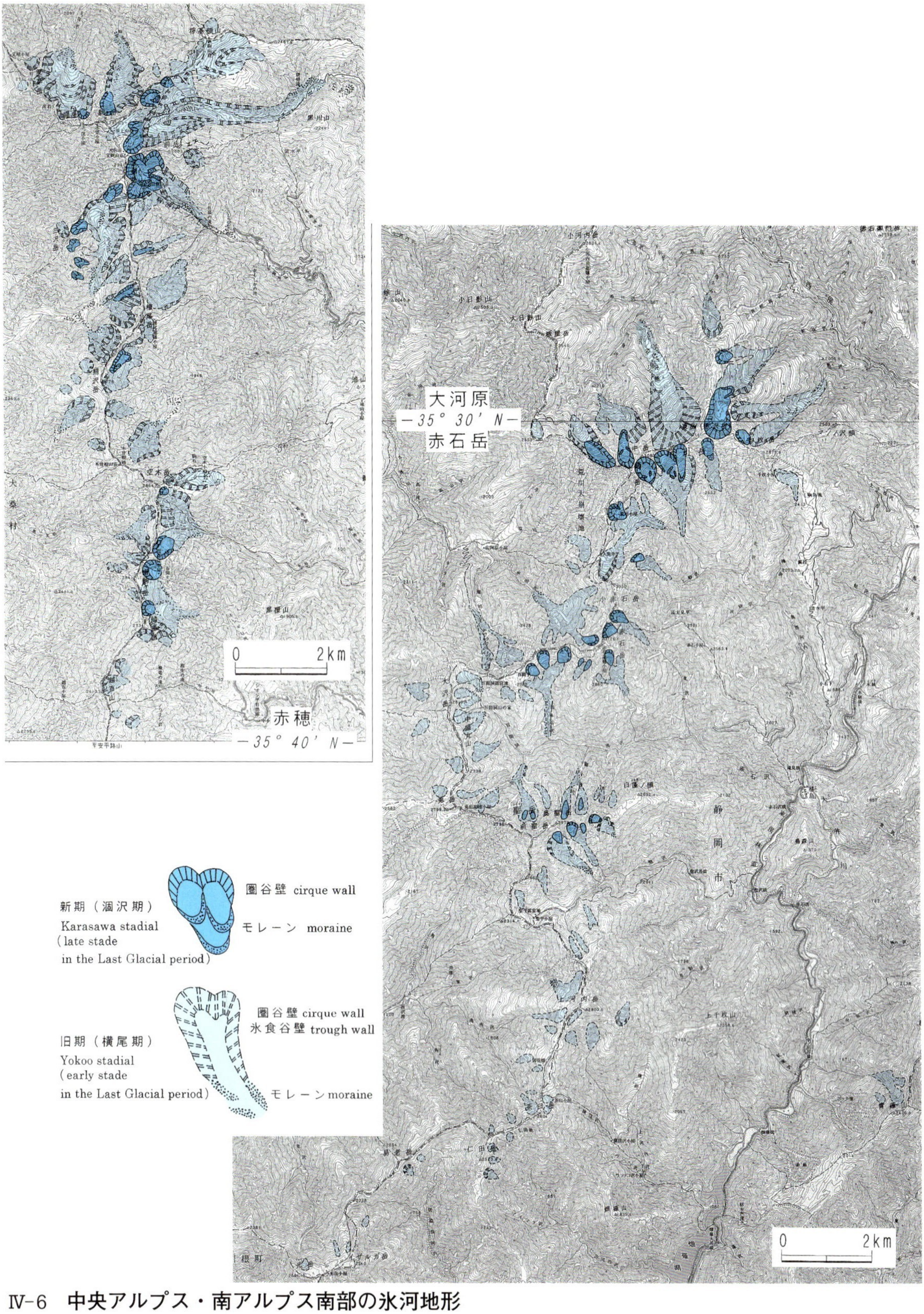

0 2km
赤穂
−35° 40′ N−
大河原
−35° 30′ N−
赤石岳
0 2km
新期（涸沢期）
Karasawa stadial
（late stade
in the Last Glacial period）
圏谷壁 cirque wall
モレーン moraine
旧期（横尾期）
Yokoo stadial
（early stade
in the Last Glacial period）
圏谷壁 cirque wall
氷食谷壁 trough wall
モレーン moraine

Ⅳ-6　中央アルプス・南アルプス南部の氷河地形

Glacial landforms in the Central Japanese Alps and the Southern Japanese Alps (southern part)

41×55cm　（『新日本山岳誌』ナカニシヤ出版2005年刊）

V　日本地貌図

1994年夏、岩波書店より『日本の自然シリーズ地域編』の各巻に、その地域の自然の総合的な景観図を作ってもらいたいとの依頼があり、下図のようなオブリックな視点の鳥瞰図なども試作したが、コンピュータなしでやるには、既成の陰影図(国土地理院の70万分１図)を利用しての平面図の方が楽と考えて、ペン画での線の太さによる陰影表現を試してみることにした。陰影図の上に薄いケント紙をのせて、海岸線と水系を20万分１地勢図を中心にして見取りで移写し、次に５万分１地形図等、ときには垂直写真も利用して稜線、崖、斜面、段丘、台地、扇状地、湿地、運河、用水路などの現況を描示した。

94年９月に北海道が完成、10月に関東、12月に中部、95年３月に九州、７月に中国・四国、阪神・淡路大震災のため遅れていた近畿は12月になってようやく完成、96年６月に太平洋海底地貌図をシェーディングで完成、1997年４月に東北を完成させた。

この図集では、海底図以外の各図葉からトリミングして縮小したものを載せた。

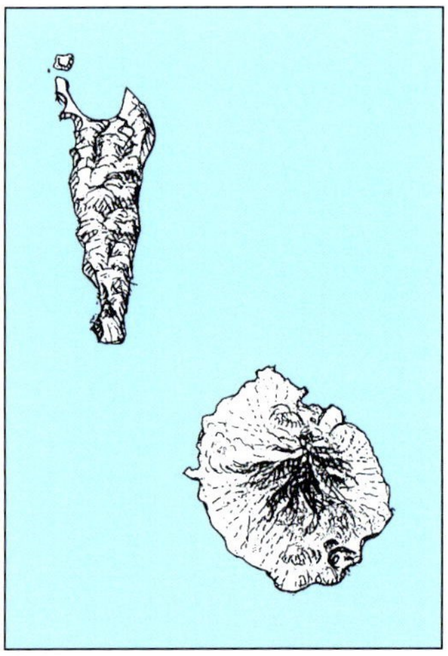

V−0　日本地貌図・北海道試作図
(右)礼文、利尻島
(左)釧路・屈斜路湖

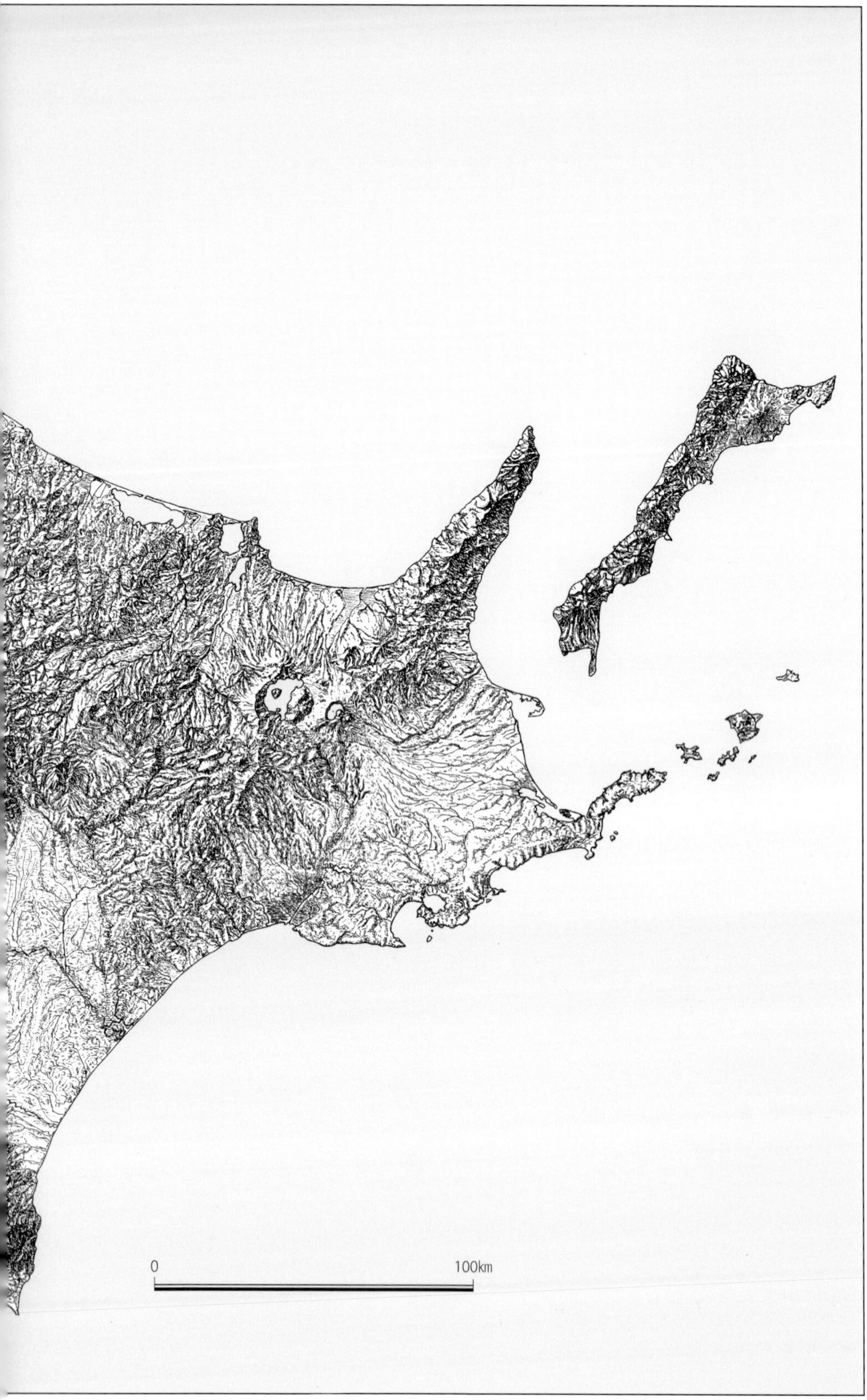

V-1　北海道地方地貌図　Hokkaido district　83×66cm　(『日本の自然』岩波書店1994年刊)

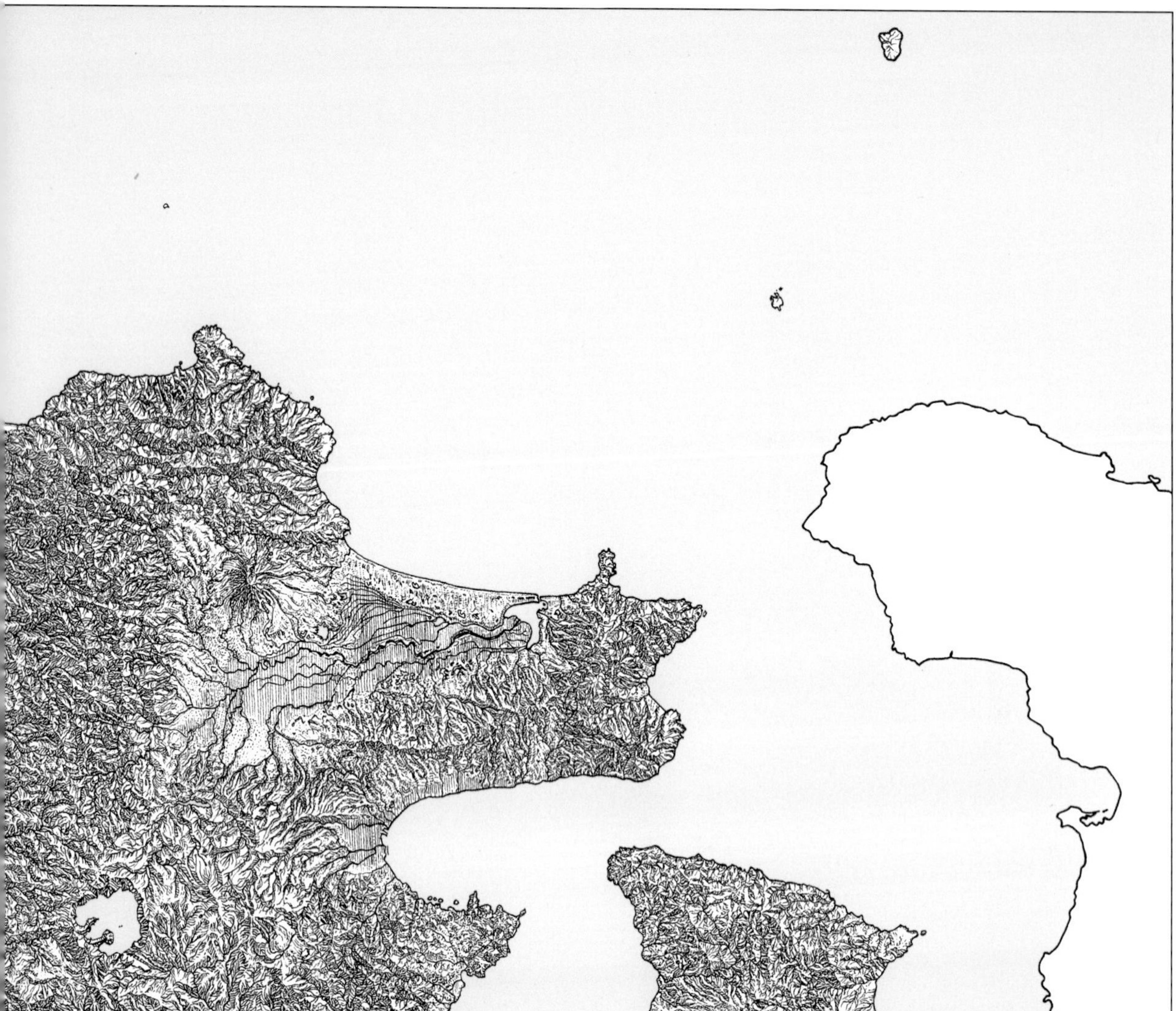
0
50km

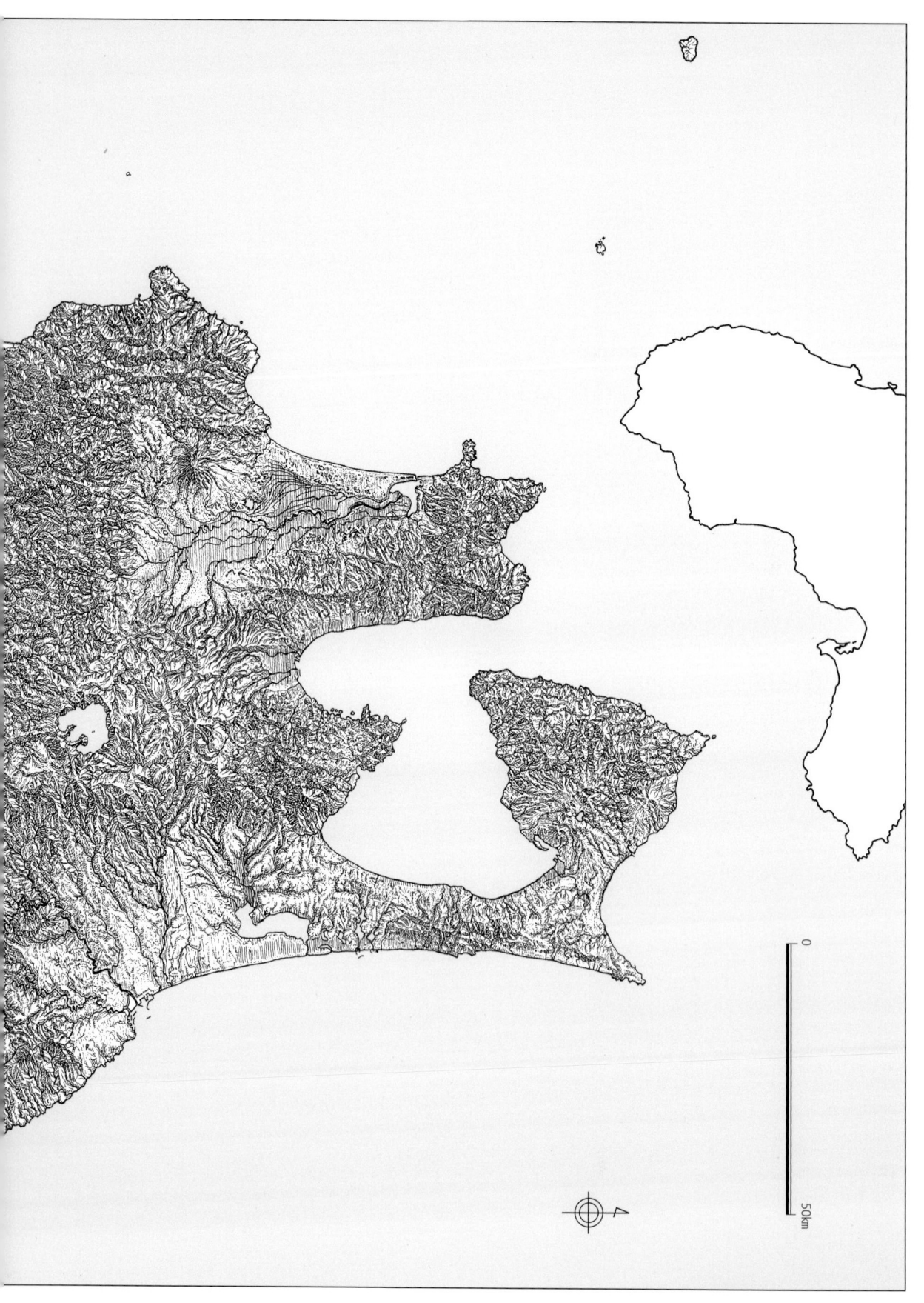

V-2-(1)　東北地方北部地貌図　Tohoku district (northern part)　52×81cmを2分割　（『日本の自然』岩波書店1997年刊）

V-2-(2) **東北地方南部地貌図** Tohoku district (southern part) 52×81cmを2分割 （『日本の自然』岩波書店1997年刊）

郵便はがき

料金受取人払郵便

左京支店
承認
7208

差出有効期間
平成22年1月
31日まで

（このハガキは切手をはらずにそのままお出しください）

606-8790

（受取人）
（京都市左京局区内）
京都市左京区
一乗寺木ノ本町15

ナカニシヤ出版
読者カード係行

6068790　　　10

■購入申込書　小社刊行物のご注文にご利用ください。

書名	本体価格	部数

ご購入方法（A／Bどちらかに○をつけてください）
A. 裏面ご住所へ直送（代金引換宅配便、送料をご負担ください）
B. ご指定の書店で受け取り

ご指定書店名	取次
住所　　市区　　町村	（この欄は小社で記入）

読者カード

ご購読ありがとうございました。今後の企画の参考と、新刊案内にのみ利用させていただきます。お手数ですが下欄にご記入の上ご返送くださいますようお願いいたします。

本書の書名	

(ふりがな) ご氏名		男・女 (　　歳)
ご住所	〒□□□－□□□□ TEL　（　　）	
ご職業		

■お買い上げ書店名

市　　市　　　　書店
区　　区

■本書を何でお知りになりましたか

1. 書店で見て　2. 広告（　　　）　3. 書評（　　　）
4. 人から聞いて　5. 図書目録　6.「これから出る本」
7. ダイレクトメール　8. その他（　　　　　）

■お買い求めの動機

1. テーマへの興味　2. 執筆者への関心　3. 教養・趣味として
4. 仕事・研究の資料として　5. その他（　　　　）

■本書に対するご意見・ご感想

■今後どのような本の出版をご希望ですか。また現在あなたはどんな問題に関心を持っておられますか。

ご協力ありがとうございました。いただいた個人情報は厳正に管理いたします。訂正、ご要望等は営業部までご連絡ください。

V-3　関東地方地貌図　Kanto district　36×42cm　（『日本の自然』岩波書店1994年年刊）

〈日本地貌図について〉

「日本地貌図」は、遠く宇宙の彼方から眺めた青い地球の表面に浮かぶ日本列島の姿かたちである。ただし、都市や村落、工場や道路、鉄道は示されていない。ここに見られるのは、山や河川、平野や台地、丘陵など地表面の姿かたちがすべてである。人工的に改変された港湾、埋め立て地、ダム湖などは、見えるがままに区別されずに表示されている。地名や注釈も無ければ境界も示されておらず、人工衛星から見おろした時のように、見る人がすべてを判別し、解釈しなくてはならないのである。

海岸線の形は、はからずも日本列島の地域による地盤の隆起、沈降の傾向を表現しているし、山地、河川のパターン（連続、分岐の構成）は基盤岩石の地質構造を地表に現しているものだし、平野部の丘陵、台地、低湿地の分布は、河川の洪水や基盤の隆起、沈降の歴史を示している。

火山はその存在のひろがりと成り立ちをそのまま姿かたちとして見事に示しているし、クレーターもきわめて明瞭であり、思わぬところに似たような景観があるのに気が付く人もあるだろう。

この地貌図を眺めていろいろ楽しんでもらいたい。見る人の洞察力、地質学・地形学・水文学・土木工学・歴史学など関連科学の基礎知識と総合的な直感力を発揮して楽しむことのできるゲームだからである。

V-4-(1)　中部地方北部地貌図　Chubu district (northern part)　52×66cmを２分割　（『日本の自然』岩波書店1994年刊）

V-4-(2)　**中部地方南部地貌図**　Chubu district (southern part)

52×66cmを２分割　（『日本の自然』岩波書店1994年刊）

V-5-(1) 近畿地方北部地貌図

Kinki district (northern part)

38×47cmを２分割

(『日本の自然』岩波書店1995年刊)

0
50km

0
50km

V−5-(2)　近畿地方南部地貌図　Kinki district (southern part)
38×47cmを２分割　（『日本の自然』岩波書店1995年刊）

0
100km

V-6-(1)　**中国地方地貌図**　Chugoku district

64×60cmを２分割　（『日本の自然』岩波書店1995年刊）

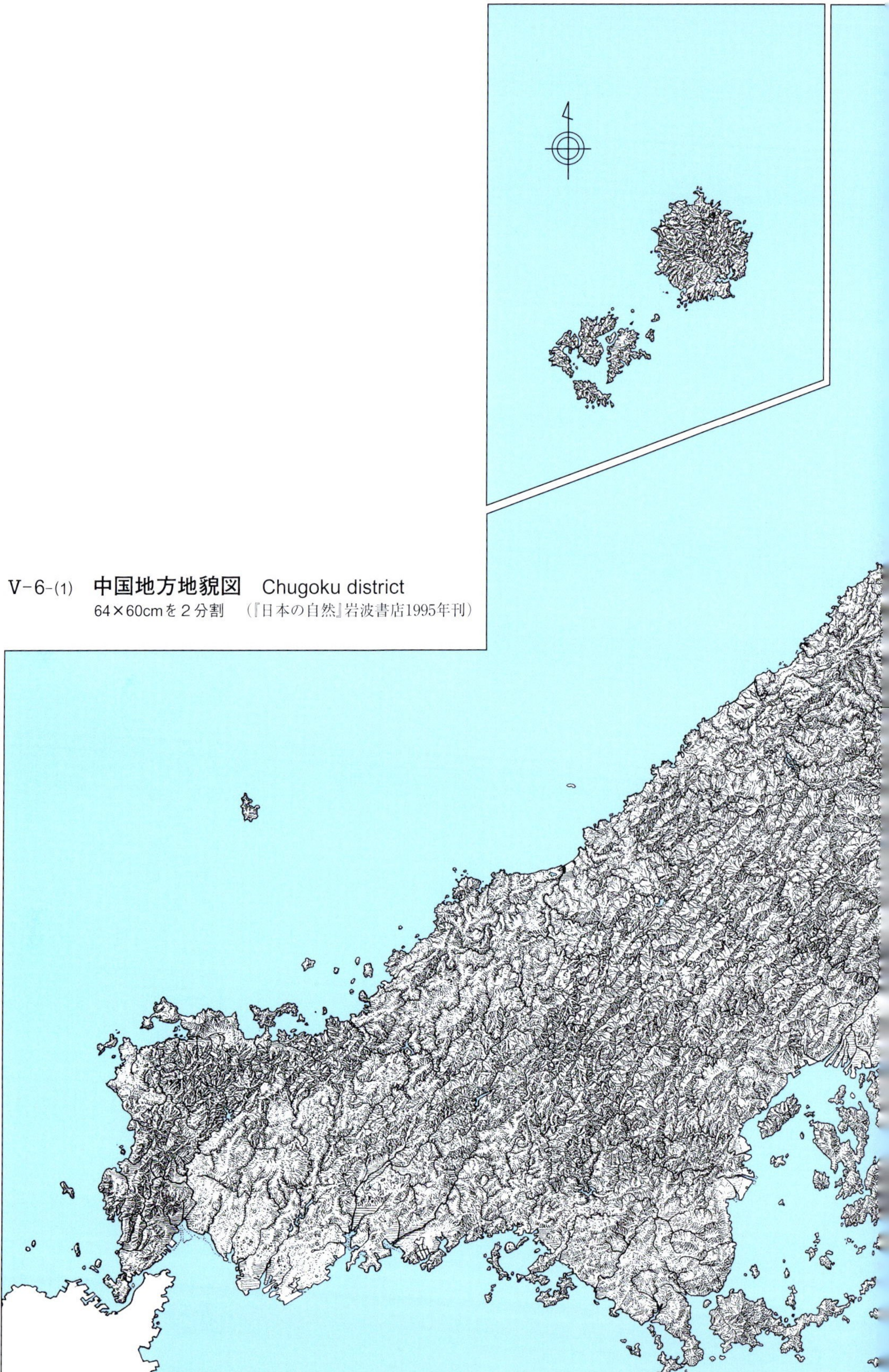

V-6-(2)　**四国地方地貌図**　Shikoku district　64×60cmを２分割　（『日本の自然』岩波書店1995年刊）

V-7-(1)　九州地方北部地貌図　Kyushu district (northern part)

50×75cmを２分割　(『日本の自然』岩波書店1995年刊)

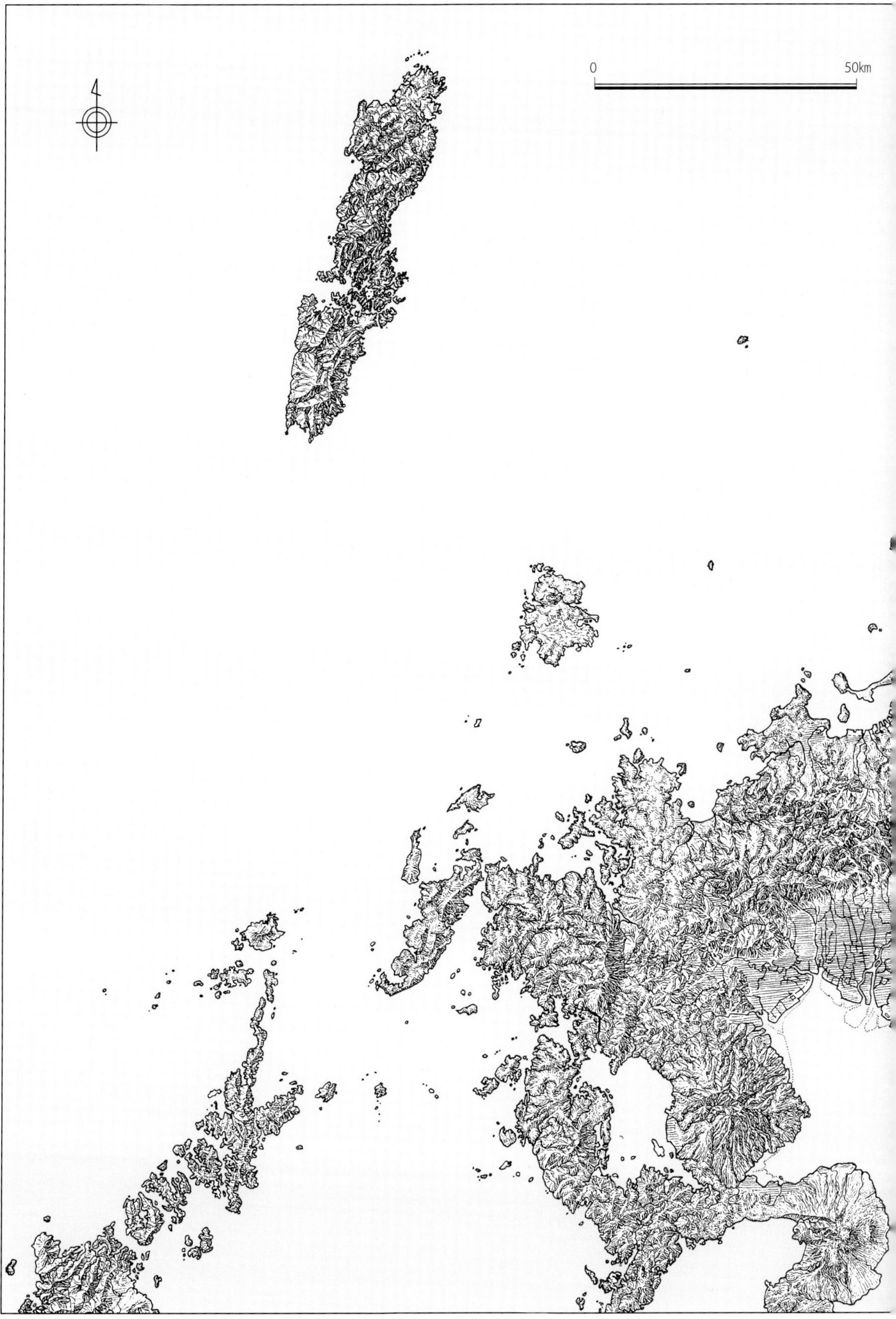
0
50km

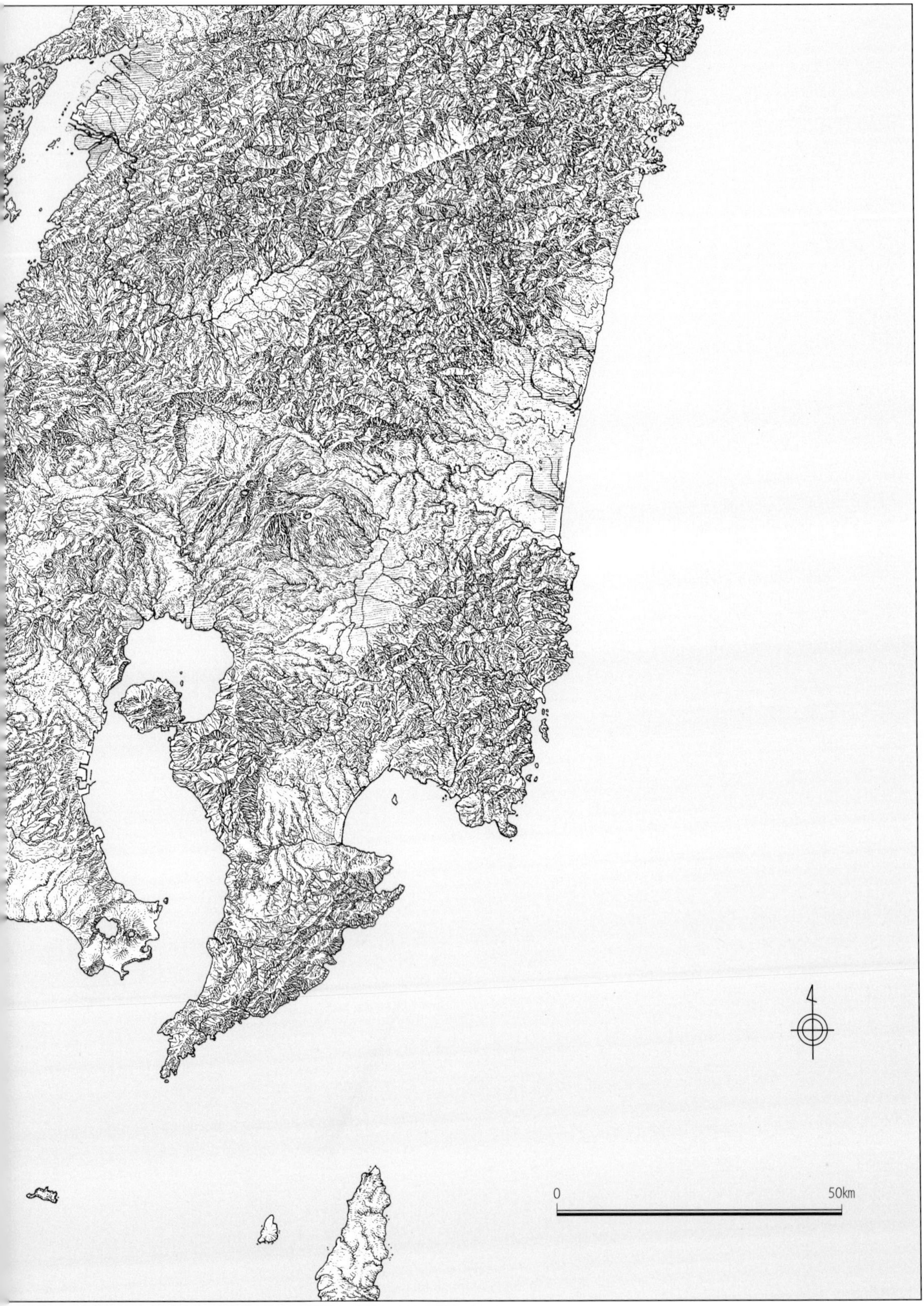
0
50km

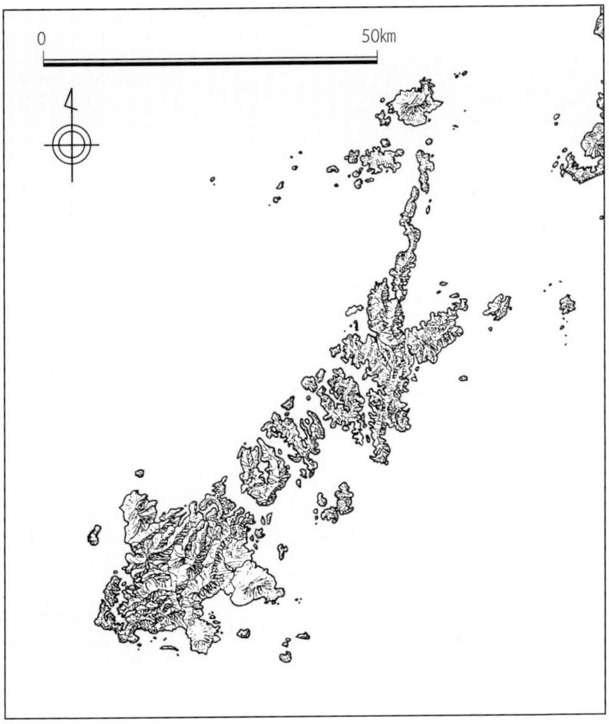

V-7-(2) 九州地方南部地貌図
Kyushu district (southern part)
50×75cmを２分割 (『日本の自然』岩波書店1995年刊)

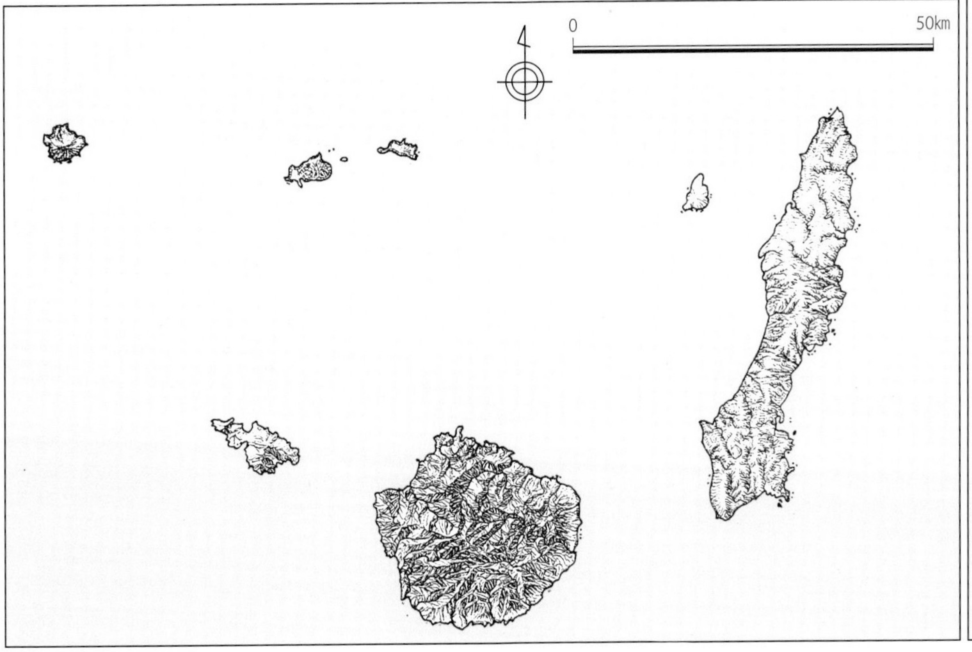

		３月、『Atlas of Perrnial Snow Patches in Central Japan』名古屋大学刊。４月から「岳人」に「8000mへのパスポート」連載。７月、『あるくみるきく』53号（朝日・雪倉岳の自然）pp.6-37、日本観光文化研究所刊。12月、AMKASネパールツアー。**第２回ヒマラヤ行**（26日間）。ネパール全域を見る４時間フライト実施（翌年１月１日、36名参加）。１月19日帰国。
1972	昭和47	１月、「岳人」連載「The Sky View Sketch over Nepal Himalayas」始める。３月、『**新版　登山者のための地形図読本**』446頁、山と渓谷社刊。11月、山と渓谷社より『ヒマラヤトレッキング』出版のため、取材旅行に出発。
1973	昭和48	ネパール、インドの各地を取材。**第３回ヒマラヤ行**（153日間）。４月21日帰国。
1974	昭和49	１月、「岳人」連載の「氷の山・火の山」シリーズ始める。３月、山形市本町へ転居。月山を子供達と調査。12月、ネパールヒマラヤ氷河気象調査隊に参加。**第４回ヒマラヤ行**（46日間）。
1975	昭和50	２月、帰国。３月、「日本アルプス、氷河地形の型と分布」発表。８月、『**山の自由研究**』214頁、朝日ソノラマ社刊、子供達と共著。11月、愛媛大学非常勤講師として集中講義開始。
1976	昭和51	５月、『ヒマラヤトレッキング』208頁、山と渓谷社刊。「岳人」連載続く。 12月～翌年１月、AMKASインド・ネパールツアー参加。**第５回ヒマラヤ行**（30日間）。
1977	昭和52	「ボリビア・チャパレー地区の地形図に見る景観」地図原図と写真判読による作業を国際航業依託で実施。６月、母なを脳出血で倒れる。７月、西蔵王水利用調査。「岳人」連載「氷の山・火の山」シリーズ終わる。
1978	昭和53	１月、母なを没。３月、智也左アキレス腱断裂、入院。４月、妹綾子脳出血で入院。１月、「岳人」連載「山学山歩」シリーズとなる。11月、山中山岳会トレッキング（佐々保雄先生同行、21日、ヒマラヤフライト実施）。**第６回ヒマラヤ行**（14日間）。
1979	昭和54	７月、霊山《りょうぜん》。８月、飯豊山。９月、鹿島槍ヶ岳（小野有五氏、伊藤真人氏同行）。「岳人」連載は「山岳山歩」を続ける。11月、『**鳥瞰図譜日本アルプス**』190頁、講談社刊。
1980	昭和55	ヒマラヤ協会のバイラヴクンドトレッキング（前年12月30日出発、１月16日帰国）。**第７回ヒマラヤ行**（18日間）。「岳人」連載「北ア鳥瞰山づくし」となる。８月、今西錦司先生と山形の山に登る。８月下旬、常念～蝶ヶ岳、槍～黒部五郎岳～薬師岳。10～11月、ガンポカラトレッキング。**第８回ヒマラヤ行**（21日間）。
1981	昭和56	４月～７月、ヒマラヤ協会カンチェンジュンガ学術隊に参加。**第９回ヒマラヤ行**（98日間）。７月、『**山の観察と記録手帳**』山と渓谷社刊。11月、カンチェンジュンガ撮影とピッパル湖トレッキング。**第10回ヒマラヤ行**（29日間）。11月24日、妻淑子、皮下結節で東大病院入院。
1982	昭和57	２月、妻淑子危篤となる。４月、回復退院。山形へ戻る。７月、大鳥池でタキタロウに遭遇。８月、三面村民俗セミナーに参加。「岳人」シリーズ続行。
1983	昭和58	３月、「日本アルプス及びヒマラヤにおける氷河地形と地誌の研究」に対し第19回秩父宮記念学術賞を受ける。９月３日、妻淑子没。10月、ブータン行。**第11回ヒマラヤ行**（15日間）。
1984	昭和59	６月～８月、ヒマラヤ協会西蔵遠征隊に参加。**第12回ヒマラヤ行**（68日間）。
1985	昭和60	５月、大鳥池。８月、黒部・立山。10月、田村協子と再婚。
1986	昭和61	７月、『**山を歩き山を描く**』講談社現代新書214頁刊。10月８日、妹綾子没。
1988	昭和63	３月、会津舟鼻峠積雪調査。４月、『**図解新東京探訪コース**』岩波ジュニア新書刊。
1989	昭和64 平成元	２月、国土地理院山の高さ委員会の仕事をはじめる。３月、『**最新地形図入門**』238頁、山と渓谷社刊。７月、加賀白山。８月、富士山最高地点測量。
1990	平成２	８月、山形市より千葉県茂原市へ移住。翌年12月、一宮町へ再移住。
1991	平成３	８月、『日本の山岳標高一覧』国土地理院刊。９月、**第13回ヒマラヤ行**（37日間）。
1995	平成７	３月、千葉県立中央博物館の依頼で「房総半島鳥瞰図」作成、展示。６月～７月、アルプス周遊。
2002	平成14	２月16日、房総・梅ヶ瀬より大福山へ。昼食後展望台で意識不明（心筋梗塞）。夕刻、意識戻る。
2004	平成16	７月～８月、長野県安曇村資料館にて「山を調べ山を描く　五百澤智也展」開催。

五百澤智也年譜

1933	昭和８	山形県山形市桶町64番地（現在の本町２丁目3－3）にて、五百澤左平、なをの長男として出生。
1938	昭和13	県立女子師範学校附属幼稚園入園。父と山形から歩いて西蔵王三本木沼に登る。
1940	昭和15	県立女子師範学校附属高等尋常小学校入学。父と瀧山《りゅうざん》1362mに登る。（初の登山）
1944	昭和19	国民学校５年、担任の先生のリーダーで雁戸山《がんどさん》に登り、雁戸沢の沢下りで遭難騒ぎ。
1945	昭和20	村木沢、中宿に一人で疎開。米軍機Ｆ６Ｆ、Ｆ４Ｕの空襲を受ける。８月、終戦。
1946	昭和21	１月、山形から歩いて蔵王大平コース、スキーツアーで自宅まで帰る。（初の冬山） ３月、国民学校卒業。４月、山形県立山形中学校入学。山岳部と美術部に入る。
1951	昭和26	８月、烏帽子～槍・穂高縦走。
1952	昭和27	３月、山形県立山形東高等学校卒業。４月、東京教育大学理学部地学科地理学専攻入学。７月、単独で穴山駅より歩いて鳳凰越え、北岳に登る。８月、飯豊山。
1954	昭和29	３月～10月、開聞岳から利尻山まで日本各地の山に登る。11月、獨標登高会入会。
1955	昭和30	１月、八ヶ岳阿弥陀岳北稜、４月、鹿島槍天狗尾根、６月、穂高野外調査、７月と９月、鹿島槍カクネ里調査。８月、北岳バットレス第５尾根、第4尾根。11月、鹿島槍南峰ダイレクト尾根。
1956	昭和31	１月、北岳バットレス悪天のため一般ルート登頂のみ。１月末、守門大岳にて風雪にまかれ遭難、両足凍傷で入院。大学留年。天狗角力取山、立山、カクネ里調査。
1957	昭和32	１月、北岳バットレス、第３尾根、第４尾根。３月、八ヶ岳旭東稜初登。３月、東京教育大学卒業。５月、魚沼水無川・シン沢遡行で中ノ岳。７月より地理調査所アルバイト。８月、測手登録して５万分１立山地方要部修正、現地調査に参加。帰庁後臨時職員に採用、写真図化、清描作業に従事、立山図の３分の２を手がける。11月、国家公務員地理職（上級）に合格、地理調査所採用内定。
1958	昭和33	３月、ニペソツ山登頂。４月、建設技官に任官。４月18日、父左平没。７月～９月、「藤原」図葉修正で奥利根、奥只見、尾瀬を調査。地理調査所、目黒へ移転。
1959	昭和34	１月、八ヶ岳・横岳西壁。５月、刃物《はもん》ヶ崎山《さきやま》東稜から登って、巻機山《まきはたやま》へ縦走。８月、黒部川より内蔵助平調査。10月、往古淑子と結婚。新宿区大京町に住む。
1960	昭和35	１月、甲斐駒摩利支天南山稜登攀。５月、三国川黒又沢遡行で越後中ノ岳。６月５日、芦別岳で墜落、山部病院入院。８月、退院。年内療養。地理調査所が国土地理院に改称。
1961	昭和36	４月、地形第６係で外注作業の指導監督。空中写真判読と車窓観察での修正測量修業。西南日本各地をめぐる。８月、妻の従弟の穂高遭難、遺体収容で横尾岩小屋の岩相からモレーンであったことに気が付く。
1962	昭和37	６月、８月、９月と３回にわたって槍・穂高の氷河地形調査。10月、日本地理学会で今まで知られていなかった「槍・穂高連峰の最低位堆石堤」について発表。
1963	昭和38	38豪雪で裏日本全域の空中写真による積雪調査を実施。積雪深分布図、雪崩分布図を作成する。７月、木曽駒ヶ岳調査。８月、仙丈岳、北岳、間ノ岳、農鳥岳の調査（冨田由清氏、鈴木郁夫氏同行）。10月、日本地理学会で「写真判読による日本アルプスの氷河地形」発表。
1964	昭和39	「積雪深の分布と地形」を雑誌「地学」Vol.73, No.1に発表。「ヒマルチュリ」地形図発表。
1965	昭和40	地形第１係になって空中写真撮影作業にあたる。12月より行政研修。
1967	昭和42	３月、『登山者のための地形図読本』404頁、山と溪谷社刊。
1968	昭和43	１月、返還に備え、小笠原諸島の空中写真撮影。６月、企画室企画係長となる。
1969	昭和44	３月、地図展用「蔵王山冬山夏山集成図」作成のため、スキーコース現地調査。４月、研究員となる。９月、文部省「気候変化の水収支に及ぼす影響」調査活動に参加。
1970	昭和45	３月、国土地理院による『測量・地図百年史』刊。４月、国土地理院を退職。６月、悪沢・赤石岳（岩田修二氏同行）。８月、雪倉・朝日・白馬岳（小泉武栄氏、水谷宣明氏同行）。９月～11月、ネパールヒマラヤ調査、フライトの実施。**第１回ヒマラヤ行**（63日間）。
1971	昭和46	１月～３月、東京教育大学で「図化機特論」集中講義、寒冷地形談話会発足のきっかけとなる。

あとがき

まず私はこのような本を出せるしあわせを、書かなくてはならない。

そもそもは、二〇〇四年の夏に、長野県安曇村資料館（現・松本市安曇資料館）で同館の山本信雄氏が、「山を調べ山を描く 五百澤智也展」という私の自分史のような幼稚園から現在に至るまでのヴィジュアルな作品展を開催してくれたことに始まる。

山本氏は、槍・穂高周辺での私の氷河地形の調査研究を高く評価して、上高地のビジターセンターの解説パネルに私の研究成果を表示してくれていた。そのパネルが資料館に移されるにあたって、日本アルプスやヒマラヤの仕事をふくめて、水彩スケッチや地貌図まで多岐にわたる仕事全部を企画展として資料館に展示してくれたのであった。それが、二〇〇七年の千葉県立中央博物館での「山の科学画展」に結びつき、図録ともなるこの『山と氷河の図譜』の刊行へと進展したのである。まずは、山本信雄氏に感謝したい。

千葉の展示については、千葉県立中央博物館の地学担当の吉村光敏氏と八木令子氏に感謝し、寒冷地形談話会の皆様、なかでも苅谷愛彦氏（千葉大学）と庄司浩氏（元・国土地理院）のサポートにもお礼申し上げたい。

この本の発刊については、まずは、快くお引き受け下さった京都のナカニシヤ出版社長・中西健夫氏にお礼を申し上げたい。次いで編集を担当された林達三氏と東京で編集と監修を担当、私の補助もやってくれた清水長正氏と黒瀬匡子氏に感謝したい。

図譜の説明文にも御指導、御協力いただいた各界、各分野の皆様のお名前を出させていただいたのだが、ここでそうした皆様方にお礼を申し上げたい。更に、幼稚園、小学校・国民学校・中学校・新制高校・大学で御指導いただいた各先生、級友の皆様、建設省地理調査所から国土地理院でお世話になった皆様、「岳人」、「中日新聞」の皆様、山と溪谷社、講談社、三省堂、岩波書店、古今書院、「山形新聞」、「河北新報」の皆々様に感謝申し上げる。最後に、亡くなった山仲間の御冥福を祈り、私を支えてくれた家族全員に感謝して、あとがきを終わる。

二〇〇六年丙戌十一月二十三日

五百澤智也

1980年8月3日、山形・葉山林道で
今西錦司先生(左)と五百澤智也

山と氷河の図譜——五百澤智也山岳図集

二〇〇七年三月二八日　第一版第一刷発行

著　者　五百澤　智也（いおざわ　ともや）
発行者　中西　健夫
発行所　株式会社　ナカニシヤ出版

京都市左京区一乗寺木ノ本町一五番地
〒六〇六－八一六一
電話（〇七五）七二三－〇一一一
ファックス（〇七五）七二三－〇〇九五
振替　〇一〇三〇－〇－一三一二八
URL　http://www.nakanishiya.co.jp
E-mail　iihon-ippai@nakanishiya.co.jp

印刷所　ニューカラー写真印刷株式会社
製本所　株式会社兼文堂
装　幀　五百澤智也／竹内康之

＊定価はカバーに表示してあります＊

ISBN978-4-7795-0138-8 C0025

《ナカニシヤ出版の山岳図書》

好評発売中!! 21世紀最新最大の山岳情報事典

日本山岳会創立百周年記念出版

新日本山岳誌

日本全国四〇〇〇山の情報を網羅！

北は択捉・国後などの北方四島の山から、南は西表・石垣などの南西諸島の山まで、日本全国の山に登った、撮った、調べた、そして書いた。登頂体験をもとに足で書かれた四〇〇〇山。

編集委員長 高木泰夫／副編集委員長 大森久雄・柏木宏信

《総論―日本山岳概説》

・日本の山脈・山地、地形について、日本山岳会会員で日本地理学会を代表する研究者が、最新の研究成果とデータ、調査によって執筆。写真・図表多数掲載。

・執筆―小疇 尚・小泉武栄・岩田修二・清水長正

《本編―山の解説》

・山の選定、登頂、調査、撮影、執筆に、日本山岳会の英知を結集

・全国二五支部の日本山岳会員から、四七〇名の執筆者と、多数の資料提供・協力者が参加。

・各山の内容は、山系・山脈の区分、山名の読み方、標高、所在地、山容、山の成り立ち、山名の由来、歴史、文化、民俗、登山記録、山頂の展望、登路の状況と道順や交通などを、その山に準じて解説し、主要な山には写真と概念図も掲載。

・巻末には検索し易い「山座総索引」（五〇音順・標高付）と、〈山書目録〉となる「参考文献一覧」も掲載。

山を愛するすべての人々に
山のことを知りたい方々に

社団法人 **日本山岳会** 責任編集

定価＝18,900円（税込）

〔菊判・上製・クロース装・カバー掛・函入り・1992頁〕

カラコルム・ヒンズークシュ登山地図

Mountaineering Maps of the KARAKORUM & HINDU-KUSH

宮森常雄 著

by Tsuneo Miyamori

定価＝33,000円（税込）

〔B全判地図13葉〕＋

〔A４変型判・上製美装ケース入・386頁〕

秩父宮記念山岳賞受賞

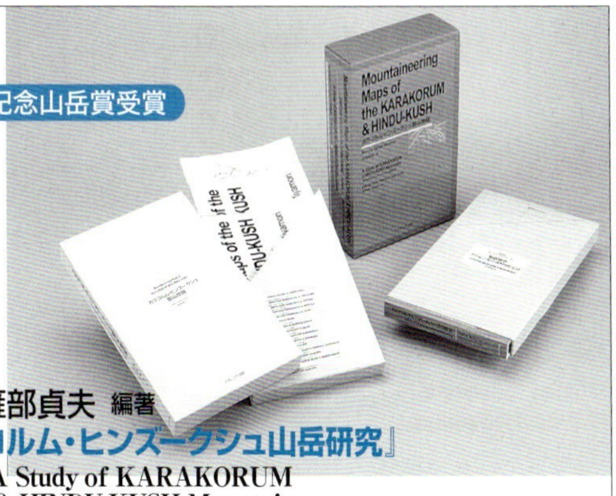

宮森常雄・雁部貞夫 編著

別冊『カラコルム・ヒンズークシュ山岳研究』

supplement : A Study of KARAKORUM & HINDU-KUSH Mountains

Edited by Tsuneo Miyamori & Sadao Karibe

国内外の最新情報満載の世界で最も詳しい登山地図13葉。6,000m超1,215峰について、氷河地帯の様子や登攀ルート等も記載。『別冊山岳研究』ではパノラマ写真に高度、山名をそえて記録。また、現地言語による地名山名研究でヒマラヤ全域の知識を提供する。